ニュートン ミリタリーシリーズ

THE HISTORY OF AVIATION

From the First Flight to the Present Day

航空全史㊤

18世紀の気球～第二次世界大戦の戦闘機

ロバート・ジャクソン＝著
青木謙知＝監修・訳

NEWTON PRESS

THE HISTORY OF AVIATION
From the First Flight to the Present Day

航空全史 ㊤

18世紀の気球
～第二次世界大戦の戦闘機

contents

航空全史 ㊦

ジェット機
～現代の最新鋭戦闘機

contents

Picture Credits

All photographs and illustrations are supplied courtesy of Art-Tech/Aerospace except for the following:

Art-Tech/MARS: 25, 40, 71, 90, 92 ~ 93, 94, 106, 110, 132, 136, 152 ~ 153, 155, 157, 158 ~ 159, 169, 170 ~ 171, 174 ~ 175, 179, 180, 184 (上, 下), 192, 192 ~ 193, 194 ~ 195, 208
Cody Images: 19, 33, 45, 82
Corbis: 8, 11, 15 (上), 16 (左), 22 (上), 23
Mary Evans Picture Library: 10 (上, 下), 12, 13, 52 ~ 53
Getty Images: 14, 15 (左), 16 (右), 20 (上), 40 ~ 41
Philip Jarrett: 46, 47, 54, 58 ~ 60, 63, 68 ~ 69, 70 ~ 71, 72, 73
Library of Congress: 28, 29, 31, 50
Photoshot: 51, 52, 53 (右), 55, 56, 57, 61, 62, 64, 65. 66. 67, 74
Popperfoto: 9
Topfoto: 17, 18 (上, 下), 20 (下), 21 (上, 下), 22 (下)

機体イラストとデータについて：機種のデータは,その機種の代表的なタイプのものです。イラストの機種名とは異なる場合があります。

Introduction
イントロダクション

過去数世紀にわたって人類が成し遂げたあらゆる技術の進歩の中で，最も重要なのは間違いなく航空である。民間航空は1世紀前には考えられなかったほど世界を狭め，軍用機は戦争の行方を左右する存在になった。

本書は軍用航空および民間航空の事実と実績，人々，達成した事例などを交えて，まとめたものだ。航空の起源ともいえる古代中国の遊具から今日の超音速ジェット機に至るまで，主要な発展を追いかけ，航空の歴史において最も重要かつ重大な出来事を網羅している。

フランソワ・ピラートル・ド・ロジェがモンゴルフィエ兄弟の気球で人類史上初めて有人飛行を行い，キティホークでライト兄弟が偉業を達成し，燃費性能が向上した現代の旅客機やステルス爆撃機に至るまで，航空は常に世界のパイオニアであり続けてきた。この惑星から人類を消し去る能力を持つ，恐るべき大量破壊兵器の運搬手段ばかりでなく，人類を星々に送り届ける手段をも生み出している。これから人類がどのような道を切り拓いていくのか，それは時間だけが教えてくれるだろう。

イルカのように優雅な胴体と3枚の垂直尾翼が特徴的なロッキード・コンステレーションは，与圧客室を備えた最初の旅客機として幅広く使用された。

第1章
大空への憧れ

19世紀後半に多くの飛行家がさまざまな内燃機関を実験し，ニコラウス・フォン・オットーが1876年に実証したガソリン駆動の4ストローク·エンジンは，有人飛行にとって真の技術革新となった。
ハルカスと呼ばれるバビロニアの法典には次のような一節がある。
「空を飛ぶ機械を操作するのは，大いなる特権的行為である。飛行の知識は古く，古(いにしえ)の神々からの命を救う贈り物である」
また，バビロニア文字の「エタナ叙事詩」(紀元前3000年～2400年頃)には，羊飼いが命を救った鷲に持ち上げられ，中東の空を高く舞う様子が描かれている。同様な物語は，紀元前1500年頃のペルシャ王カーウースにまつわる話にも登場する。

古代の飛行機械に関する記述が最も豊富に見られる文献はヒンズー教の経典で，特に11世紀に編さんされた『サマランガナ・スートラーダー』は，おそらく太古の史料をもとにしている。ヴィマナと呼ばれた古代の機械は，水銀に潜む何種類かのエネルギーを引き出す機関を装備していたと伝えられる。

そのような物語は面白いかもしれないが，実際に記録された飛行の歴史は，中国の皇帝についての詳細な記録にだけ登場する。その皇帝は各種の飛行機械，とりわけ人を運ぶ凧を実験したことで知られる。言うまでもなく，それは軍事目的だ。紀元前206年に中国の韓信(かんしん)(楚漢(そかん)戦争で活躍し，漢を勝利へと導いた将軍)は，包囲された自軍のいる街と未央宮(びおうきゅう)(前漢の宮殿)との距離を測るために凧を使用した。また西暦549年には，敵軍に包囲されたタイ国王の街に

中国は人を吊り上げる凧(たこ)の形をした実用的な飛行機械を世界で最初につくった。

◀初期の飛行を試みる空想的な描写で，鳥に取り付けたゴンドラに東洋の王が乗っている。

スの学者でフランシスコ会修道士だったロジャー・ベーコンは，『オプス・マユス（大著作）』と題する科学的な原稿を書き上げ，飛行機械の製作を考えた。ベーコンは「人はいつの日か空を飛ぶだろう」という夢をいつも抱いていたが，当初は人が飛ぶにはできるだけ鳥を真似て人工的な翼を羽ばたかせるという考えの落とし穴にはまった。

ベーコンは語学の知識を活用し，過去の有人飛行に関する記録を含む教会以外の記録も研究し，「人の貧弱な筋肉と重い体では，鳥のように空を飛べない」ことが失敗を繰り返した本当の理由だと次第に気付き，解決策を次のように記している。

「人が中央に座る何らかの機関を回して，鳥が空を飛ぶように羽ばたかせる人工の翼を持つ機械ができれば，空を飛ぶことができる」——

13世紀のイギリスの修道士ロジャー・ベーコンは，人類が空を飛ぶ確実な手段は空気より軽い機械だと結論づけた。

17世紀のイエズス会修道士で，イタリアのブレシア出身のフランチェスコ・ラナ・デ・テルツィによる飛行船の模型。彼は銅製の袋から空気を放出しながら飛行船が空に上がることをイメージしていた。

いる防衛軍が，近くの村に助けを呼ぶため凧を使い，手旗信号に似た合図を送っている。中国人を乗せた凧は，14世紀にベネチアの冒険家マルコ・ポーロによって記述されており，彼は西ヨーロッパにその発想を紹介して人々の関心を呼んだ。

一方で冒険心に富む人々は，地球に縛られることに満足せず，鳥を見習おうとしたのである。彼らは翼をつくり，自らの体を結びつけて高い場所から劇的に跳躍し，舞い上がることに失敗してみな一様に命を落とした。

初期の飛行理論

初期の大きな失敗にもかかわらず，科学的なアプローチによって人が空を飛ぶという課題に多くの者が挑んだ。中でも，13世紀にイギリ

動力装置という概念の誕生だった。

このとき，ベーコンの独創性は新しい思考のチャンネルを導くことになった。もし，有人飛行が重量のために失敗するのなら答えは明瞭で，人を地上から持ち上げるだけでなく，空中に留めるのに十分な力を出せる「何か」をつくればいいのだ。彼はそれを成し遂げるために，二つの主要な科学的手法を考えた。極めて薄い金属の巨大な袋をつくり，その中に大気よりも希薄な空気を詰める方法と，天空に高く上がるような液体を燃やす，というものだった。ベーコンの科学的な才気や素晴らしい想像力は，「空気より軽いもの」の概念を真剣に検討した最初の記録である。

人を乗せた気球というアイデアの芽が現実になるには，それから4世紀近くを要した。1631年にイタリアのブレシアで生まれたイエズス会の祭司フランチェスコ・ラナ・デ・テルツィは，自然科学と最新の科学的な発見の適用に大いなる関心を抱いていた。その後，大気の密度を測定し，それが，高度が上がるにしたがって減少するのを発見した科学者のブレーズ・パスカルと，エヴァンジェリスタ・トリチェリによる実証研究，オットー・フォン・ゲーリケの真空を人工的につくる技術の発見から，ラナ・デ・テルツィは四つの大きな薄い銅製の球体から空気を抜いて空中に浮かび上がる飛行船を設計した。

原理としては十分に思えたが，ラナ・デ・テルツィの設計は実用的ではなかった。理由はごく単純で，銅

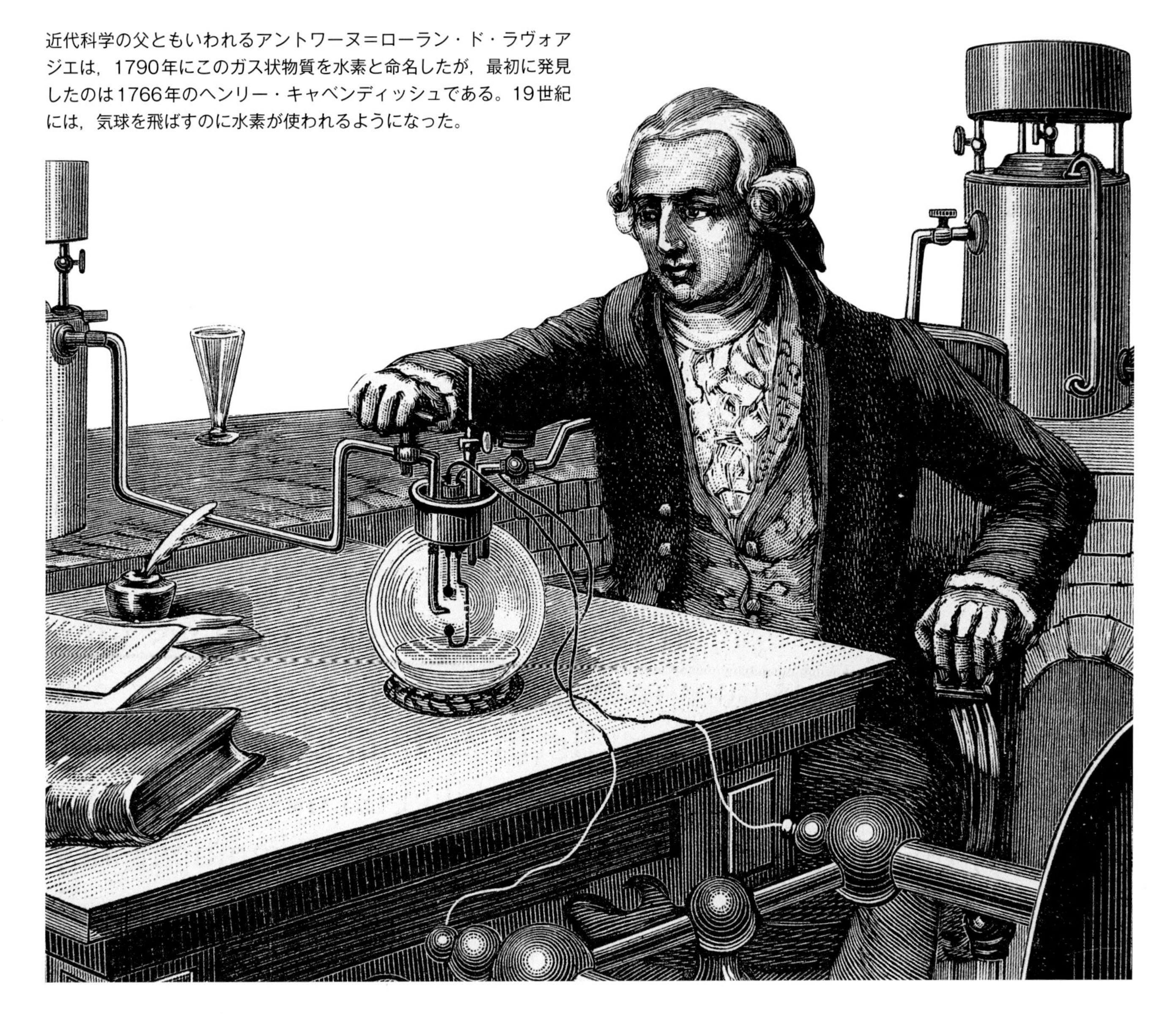

近代科学の父ともいわれるアントワーヌ＝ローラン・ド・ラヴォアジエは，1790年にこのガス状物質を水素と命名したが，最初に発見したのは1766年のヘンリー・キャベンディッシュである。19世紀には，気球を飛ばすのに水素が使われるようになった。

の球体が大気圧で容易に潰れてしまうからだ。しかし，18世紀中頃には科学者がラナ・デ・テルツィたちの夢を実現できる技術的な手掛かりをついに見つけ出そうとしていた。

1766年，イギリスの科学者で王立学会員だったヘンリー・キャベンディッシュが，「可燃性の空気」と呼ばれる気体を発見した。これは，1790年にアントワーヌ＝ローラン・ド・ラヴォアジエによって「水素」と命名された気体である。一方，バーミンガムの化学者で医師のジョゼフ・プリーストリー博士は1774年に発見した気体の研究を続け，翌年に「脱フロギストン空気」として発表（この気体は1779年にラヴォアジエが酸素と命名）し，著作『さまざまな種類の空気に関する実験と観察（*Observations on Different Kinds of Air*）』にその発見をまとめて出版した。

モンゴルフィエ兄弟の気球と彼らの夢

プリーストリー博士の論文は，ヨーロッパの科学者の間で大きな話題となった。中でも1776年にフランス語版が出ると，それを手にした36歳のジョゼフ＝ミシェル・モンゴルフィエの想像力に火をつけることになったのである。ジョゼフは飛行の可能性に魅了され，弟のジャック＝エティエンヌは，さほど熱心ではなかったが，そばで見ている程度には興味を持っていた。やがてジャックも兄にしたがって熱を上げるようになり，プリーストリー博士やほかの科学者の著作を読んで実験を進めるジョゼフの励みとなったという。

ジョゼフが行った最初の試験的な実験は，水素を用いて小さな紙製の気球をつくることだった。幸い，モンゴルフィエ家は製紙業を営んでいて豊富に手に入る素材であった（水素ガスを充填するのに紙が不可欠だった）ので，空に上る期待が膨らんだ。しかし，この実験は失敗。続いて絹製の気球も試したが，結果は同じだった。理由は単純で，いずれの素材も簡単に水素を通してしまったからである。

その後，ジョゼフは水素を使うことを止め，上昇させる手段として熱した空気を利用することにした。「空気より軽くして飛ばせる」という彼の考え

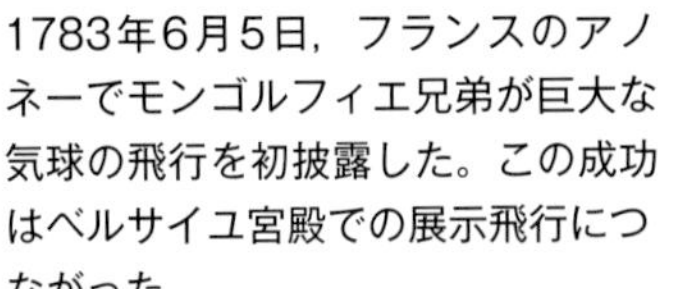

1783年6月5日，フランスのアノネーでモンゴルフィエ兄弟が巨大な気球の飛行を初披露した。この成功はベルサイユ宮殿での展示飛行につながった。

方は，1782年11月についに実現する。最初のモデルとなる気球をつくり，当時彼が住んでいた南フランスのアヴィニョンでテストを行ったのである。火の上に置いた絹製の気囊に熱い空気を送り続けると，やがて上昇した気囊は中の空気が冷えるまで30秒間，天井に留まり，らせんを描いて降下した。

弟のジャックが加わり，ジョゼフはこれまでよりも大きな三つの気球を試作した。3番目の気球は直径が10.6mあり，1783年4月25日に高度約244mに達し，出発地点から約1.6km離れた場所に着地した。

次の気球はモンゴルフィエ兄弟がこれまで製作した気球の中で最も大きく，容積が622.6m^3，総重量は226kgあった。裏地に紙を使用した布製の気囊は最大直径が33.5mで，外側はクモの巣状のヒモで覆って補強してあり，下部の開口部には木製の四角いフレームが取り付けられていた。この気球は同年6月4日にアノネーで実演され，大観衆の前で高度1,830mまで上昇，風で約2.5km流されて着地した。

最初の飛行士

モンゴルフィエ兄弟はアノネーでの成功に続いて，次の気球をベルサイユ宮殿で国王ルイ16世と王妃マリー・アントワネットの御前で実演するとの大英断を下した。彼らはさまざまな困難を乗り越え，1783年9月19日に最新の気球をベルサイユ宮殿の台の上に係留し，足場に目隠し用のカーテンをかけて人々から見えないようにした。さらに，予防措置として気球を故意その他の目的で傷つける恐れのある者から守るため，周囲には近衛兵が配置された。

晩餐会が終わると，国王と王妃が見守る中，モンゴルフィエ兄弟は気球を膨らませる作業に取りかかった。1時間も経たないうちに気球は台の上で完全に膨らんでうねっていた。籐でつくられた気球の籠には，困惑気味な表情を浮かべた乗客，すなわち羊と雄鶏，そしてアヒルがいた。当初，モンゴルフィエ兄弟は人を乗せて飛ぶつもりだったが，王は彼らにそこまでの信頼を置くことができず，このチャレンジは極めて危

ジャン＝フランソワ・ピラートル・ド・ロジェ（バスケットから帽子を振っている）を乗せて，セーヌ川上空を飛ぶモンゴルフィエ兄弟の気球をかなり想像力豊かに描いている。

険だと言って，そのアイデアをきっぱりと禁じたのである。こうして史上初の飛行士となる栄誉は，物言わぬ3匹の動物に与えられたのだった。

4発の砲声を先触れに，係留索が切られ空に上がった気球は，およそ500 mの高さに達すると風に流され始め，8分後に3km離れたベルサイユの森に着地した。モンゴルフィエ兄弟は気球が3,360mの高さに到達するはずが，わずか20分で飛行が終わってしまったことにがっかりした。のちに，彼らは布地に小さな穴が開いていることを見つけ，それが降下を早めた原因と考えた。

見物人の一部は飛行する気球を馬で追いかけ，着地する光景を初めて見た。3匹の乗客が圧し潰されているところを見られるだろうと思っていた者たちにとっては期待外れだったようだ。籐の籠は気球が木々の間へ降下した際に壊れ，羊は近くにある草地の一角で一点を見つめ立っていた。アヒルはよたよたと歩き回り，雄鶏は片方の羽を少し痛めていたが，なんとか耐えているようだった。

天空に熱を上げる男

ベルサイユ宮殿での実演から数日後，モンゴルフィエ兄弟は二人の男を乗せるため，さらに大型の気球をつくる計画を発表した。国王は懐疑的であったものの，最終的には計画に同意した。1783年10月15日，モンゴルフィエ兄弟の気球は志願者を乗せ，係留された状態で上昇した。搭乗者の名前はジャン＝フランソワ・ピラートル・ド・ロジェ。29歳の化学と物理の教師で，6月にアノネーで行われた公開飛行を目撃していた。気球は係留したまま4回上昇し，そのつど高度を上げ，前より高く上がった。3回目にはバラストを外す代わりに二人目の搭乗者としてジロンド・ド・ヴィレットが乗った。二人を乗せた気球は100mまで上昇し，9分後に発射台へ着陸した。その後，ド・ヴィレットが降りて，近衛連隊の士官フランソワ・ダルランド侯爵に代わった。彼は，人を気球に乗せるか否かの問題で国王を説

フランスの飛行家であるジャン＝フランソワ・ピラートル・ド・ロジェと，同乗する物理学者のピエール＝アンジュ・ロマンは，1785年6月に気球でイギリス海峡横断を試みた際，火災が発生して墜落し，死亡した。

得してくれた，裕福で影響力のある貴族である。

11月20日には係留しない自由飛行を試みる予定だったが，風と雨で中止となった。天候は翌朝までにかなり回復し，飛行準備が進められた。気嚢が順調に膨らんでいく中，モンゴルフィエ兄弟は気球の上昇力を確認するために，ド・ロジェにもう一度係留したままの上昇を行うよう頼んだ。そこに，予期せぬ突風が吹き，気球はブローニュの森のミュエット城の庭に設置された発射台から引きずり落とされてしまった。苦労しながら引き下ろした気球を見ると，気嚢にいくつもの穴が開いていた。

このことで，飛行中止も考えたモンゴルフィエ兄弟だが，幸運にも，集まった群衆の中から何人ものお針子が，破れた箇所を補修すると申し出た。それから2時間も経たないうちに，モンゴルフィエ兄弟は再び気球を膨らませ，午後1時50分にはド・ロジェとダルランド侯爵が乗り込んで飛行準備が整った。4分後，ド・ロジェが「縄をほどけ」の合図を送り，気球は観客の歓声とともにどんどん空へ上がっていく。高度が91mに達すると，歓声はさらに大きくなった。二人の飛行士が敬意を表して帽子を振り，気球は緩やかな北西の風に乗ってセーヌ川に向かった。

25分後，ド・ロジェと乗客は無事に着陸。ミュエット城から約8km，イタリア広場近くのビュット

ジャック・アレクサンドル・セザール・シャルルは，水素気球のパイオニアである。彼は初期の飛行で一日に2回の日没を見た最初の人となった。

膨らんだ水素気球。燃えやすい性質の水素は取り扱いに危険を伴ったが，ヘリウムがつくり出されるまでは，唯一の実用可能な気体であった。

＝オー＝カイユの丘に降り立った。飛行中は比較的低高度の305m以下だったが，決して平穏ではなかった。飛び散る火花で気嚢に穴が開き，二人は何度も濡れたスポンジを穴に当てなければならなかった。成功と大失敗は紙一重といわれるが，人は初めて自分を大地に縛りつける糸を切った。この瞬間，本格的に空の征服が始まったのである。

一方，同じフランス人のジャック・アレクサンドル・セザール・シャルルは，水素を入れた気球の実演を行っていた。1783年8月27日，プロトタイプとなる無人の気球をパリのシャン・ド・マルス公園から飛ばし，高度915mを達成している。気球は雲を抜けて漂いながら45分後に24km離れたゴネス村からそう遠くない場所に着地した。しかしシャルルと助手が着地点に行ってみると，残っていたのは地面に散らばる裁断された気球の生地だけだった。地上でのたうち回る気嚢を不審物と見て，迷信的な恐怖と無知により，大鎌や熊手で襲った農民の仕業だった。

シャルルは次に，有人飛行が可能な水素気球をつくるため，必要な資金を調達した。このときの基本設計は，その後わずかに変更されただけで，100年後の水素気球にも使用できるほどの精度であった。気球の直径は8.2m強で，これに装備されたガスバッグは，特殊なゴム液で処理した絹でできていた。シャルルの親密な協力者だったアンと弟ニコラのロベール兄弟が考案したものだ。気球は下部の首が開いており，膨張するとガスが抜けるようになっていた。さらに，低い気圧下で気球が破裂する危険を避けるため，上部にあるバネ式のバルブを使ってガスを放出することができた。気球に吊り下げられたやや装飾的なゴンドラは，船を模した形であった。

気球の処女飛行は同じ年の12月1日。搭乗したのは，シャルルとアン・ロベールである。パリのチュルリー庭園から上昇し，南西の風に乗ってフランスの田園地帯を43.5km，滞空時間2時間でネルラ村に降り立った。二人の飛行士は，記憶が鮮明なうちにこの飛行記録を詳細に記しながら，チュルリーから気球を追ってくる人たちの到着を待つことにした。

日が沈む頃，馬に乗った3人の男

レオナルド・ダ・ヴィンチは飛行の科学に技術的な原理を持ち込んだ。彼のスケッチは細心の注意が払われており，オーニソプター（鳥型飛行機）の翼構造を描いた絵にもそれが表れている。

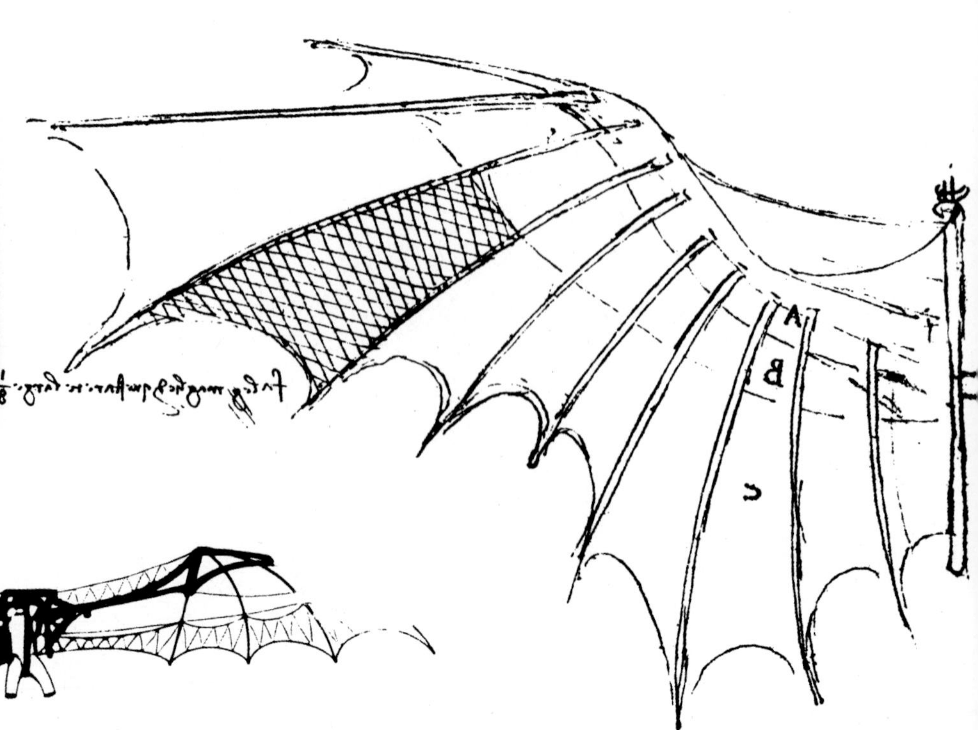

レオナルド・ダ・ヴィンチによるらせんネジの図。のちのヘリコプターにつながる概念が描かれている。スケッチには奇妙な鏡文字で注釈がつけられている。

たちがさっと駆け寄り，飛行士をきつく抱きしめた。成功を収め爽快感に包まれていたシャルルは，今度は単独ですぐに飛ぶ，と言い出すやいなや，ゴンドラに乗り込むと志願者の地上作業員に「離せ」との合図を送り，夕暮れの中を飛び立ったのだ。数分後，沈みゆく太陽の残照が気球を捉えると，大歓声が観客の間から沸き起こった。気球は，彼らのはるか頭上で輝く光の泡となっていった。

黄金色の陽光

高度3,050m近くまで急上昇した気球は，強烈な寒さに包まれたが，シャルルはほとんど気に留めなかった。地上で人々が暮れゆく夜の帳（とばり）を気にもせず通り過ぎていく間，彼は黄金色の日差しの中で一人を味わっていた。光が地平線の上で薄れてゆくと，飛行士である彼は，一日に2度も太陽が沈むのを見た最初の男になったことに気付き，新たな驚きに包まれたのである。

そのとき突然，右耳に耐え難いほどの痛みが走った。高度3,000mの気圧のせいだ。白昼夢から覚めた彼は，気球を降下させるためヒモを引いて，逃がし弁を開き，ガスを放出させた。こうして，2度目の劇的な飛行は30分間，ネルラ村から約4.8km離れた耕作地に降り立ったことで終わった。

シャルルがこの素晴らしい経験に圧倒されたか，また彼が単独気球飛行にひどくおびえたのかどうか，現代の我々に知る由はない。ただ，ロベール兄弟はその後も何度か飛行を行ったが，シャルルは決して再び飛ぶことはなかったのである。

先駆者の何人かが，自らを地上から解き放つために熱気や水素で満たされた気球の使用に向かう一方で，ほかの者たちは，ひたすら鳥の飛行を模倣するか，可能な限りそれに近づこうとした。ロジャー・ベーコンがその一人で，もう一人のレオナルド・ダ・ヴィンチは1495年から1505年まで人生の10年間を有人飛行の可能性の追求に没頭した。ダ・ヴィンチのアイデアは，ベーコンと同様に時代をはるかに先取りしていたが，ベーコンと違うのは，やるべきことの技術知識を十分に持っていたことだ。飛行の真理を初めて明らかにしたのが彼である。水と空気はいずれも流体であり，両方の媒体を移動する固体の動きは本質的に同じでなければならないことを知っていた。

1505年にダ・ヴィンチは，鳥の飛翔に関する驚くほど詳細な論説を書いている。それは秘密の鏡文字で書かれた天才的な作品だ。当時，鏡文字は教会から異端視されていたため，ダ・ヴィンチは科学的な探求の成果を隠すのに大いに骨が折れた。その結果，彼の科学的な研究の多くは，死後400年近くも世界から忘れ去られていた。もし，それが早く世に知られていたならば，後世の飛行の先駆者たちの多くが，心の傷と悲

ジョージ・ケイリーが設計した転換式航空機の一つ。ヘリコプターと飛行機を兼ねたモデルで，実際にこうした機種が実現する１世紀も前の構想であった。

劇から免れていたかもしれない。たとえば，ダ・ヴィンチは，翼を広げた鳥は空中を垂直に落下することができず，斜めに滑空しなければならないと知っていたし，降下スピードを抑制するため鳥が翼や尾をエアブレーキとして使ったり，上昇気流を利用して高度を稼いだりすることもわかっていた。突然，飛行中に平衡感覚を失った鳥が安全に回復するためには，十分な高度が必要であると理解していたのである。飛行をテーマにしたダ・ヴィンチの文章は，全部で約35,000語に及ぶ。

模型グライダー

レオナルド・ダ・ヴィンチは論文の中で飛行原理の基礎を記したが，300年後に機械的飛行の原理，すなわち重量，揚力，抗力，推力の関係を初めて定義づけたのはイギリス人だった。彼の名はジョージ・ケイリー卿で，ヨークシャーのスカーボロ近くのブロンプトン・ホールに住んでいた。彼も間違いなく，航空史において最も才能があり，また多才なパイオニアの一人である。

1804年，ケイリーは多くの滑空機（グライダー）の模型を試作したのちに，史上初と考えられている関節型航空機を製造した。それは全長約15mのグライダーで，固定式の翼が6度の角度で胴体に取り付けられ，十字形の尾翼が自在継手（つぎて）で胴体に付けられたものだ。5年後には大型のグライダーを製作し，錘（おもり）を積んだ飛行を成功させ，時には男性（あるいは少年）が乗って数メートル飛んだこともあったようだ。しかし，この航空機に関する記録は残っておらず，図などもない。ただ，ケイリー自身は1810年に興味深い記述を残している。

「昨年，私は表面積$28m^2$の大きさを持つ機械をつくったのだが，推進装置の効果を試す機会を持てないうちに偶然壊れてしまった。しかし，その操縦性や安定性は完璧に確認できた。舵をセットすれば帆はあらゆる方向で下向きになり，この状態で前方からの弱い風を利用して全速力で走ると，地面にタッチすることができないくらい強い力で何度も上方に持ち上げられ，人間は機械と一緒になって何ヤードかを進むことができた」

ケイリーが航空への関心を失うことは決してなかった。その後30年以上にわたって各種の研究を行い，オーニソプター（鳥型飛行機）や操縦可能な気球を試作したほか，大砲の弾を安定させるフィンの研究も行ったのだ。1843年に独自設計の転換航空機（ヘリコプターの類い）を製作し，1849年には三葉のグラ

ジョージ・ケイリーの航空への貢献は，のちにライト兄弟によって再認識された。彼は空気より重いもので飛行（重航空機）する真の生みの親といえる。

イダーもつくった。このグライダーは，最初は錘を乗せて試し，続いて彼の使用人の一人で10歳になる子供を乗せて試験飛行を行っている。この有人飛行は「少年運び（Boy Carrier）」と呼ばれたが，実際はほんの数メートルをジャンプした程度であったようだ。

1853年，ケイリーはほぼ確実に前作と同様の三葉機といえるグライダー3号機を完成させて，6月のある日に彼の御者（執事とする資料もある）を乗せて短い飛行を行った。御者の名前はジョン・アップルビーといわれているが，この人物が実在したのかどうかは今日まで謎である。怖がる彼を乗せたグライダーは，ブロンプトン・ホールの裏側にある小さな谷を越えて約500m飛行して地面に墜落したようだが，飛行が行われたことに疑いの余地はなく，史上初の有人飛行（操縦はされていない）といってよいだろう。ちなみに，この御者は墜落の際に足の骨を折り，その場で職を辞したらしい。何年もあとになって，ケイリーの孫娘にあたるドーラ・トンプソンは，この事故を次のように回想している。

「あとになってこんなことを聞いた覚えがあります。それは，大きな機械がブロンプトン・ホールの裏手にある丘の高い場所から飛び上がったのですが，それには御者が乗っており，500ヤード（460m）ほど谷を越えたところで落下して地面に激突しました。どうやって飛んだのかは知らないけれど，御者が何かの役目を果たしていたのだと思います。地面に倒れている彼を助け出すため，たくさんの人が駆け寄ってきました。すると，彼はやっとのことでこう言ったのです。『ジョージ様，お願いです。私はお仕えするために雇われているのであり，飛ぶためではありません……』と。1853年といえば私はまだ9歳でしたが，機械が谷を越えて飛んだのを見たとはっきり言えますし，ともかくそれに近い出来事があったことを覚えています」

Mechanics' Magazine,

MUSEUM, REGISTER, JOURNAL, AND GAZETTE.

No. 1520.]　SATURDAY, SEPTEMBER 25, 1852.　[Price 3*d*., Stamped 4*d*.

Edited by J. C. Robertson, 166, Fleet-street.

SIR GEORGE CAYLEY'S GOVERNABLE PARACHUTES.

Fig. 2.

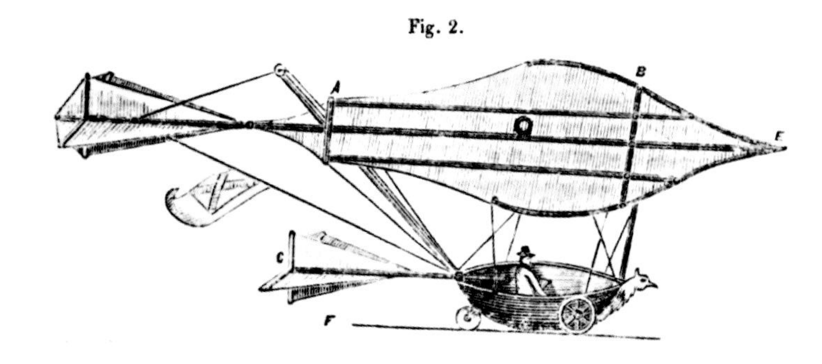

Fig. 1.

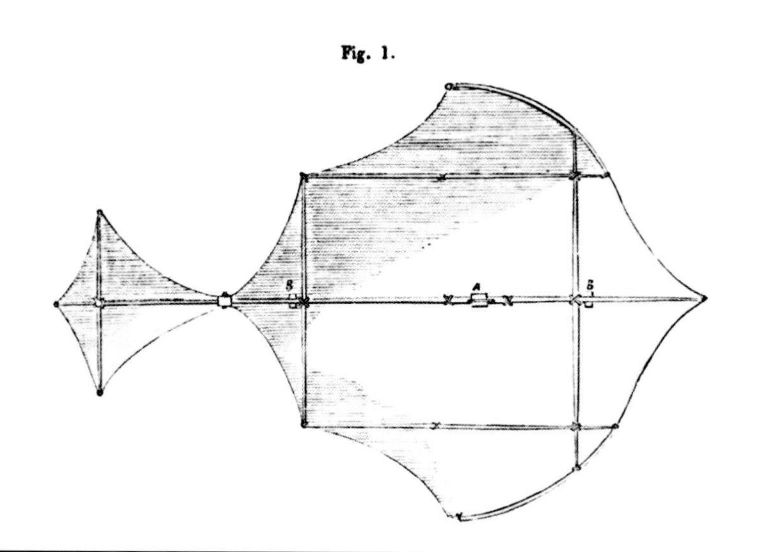

ケイリーによって1853年に設計された人を乗せる単葉グライダー。彼の御者がヨークシャーの谷を越すのに渋々乗せられたのも，こうしたタイプだっただろう。

時代の先取り

こうした実用的な実験とは別に，ケイリーの科学論文は進化しつつあった航空分野の世界に大きな影響力を与えることになった。彼の著作『空中航法について（*On Aerial Navigation*）』は，最も重要な論文として位置づけられている。この論文は航空力学の原理とその実用化について著されており，『ニコルソンの自然哲学・化学・芸術ジャーナル（*Nicholson's Journal of Natural Philosophy, Chemistry and the Arts*）』（1909年〜1910年）という科

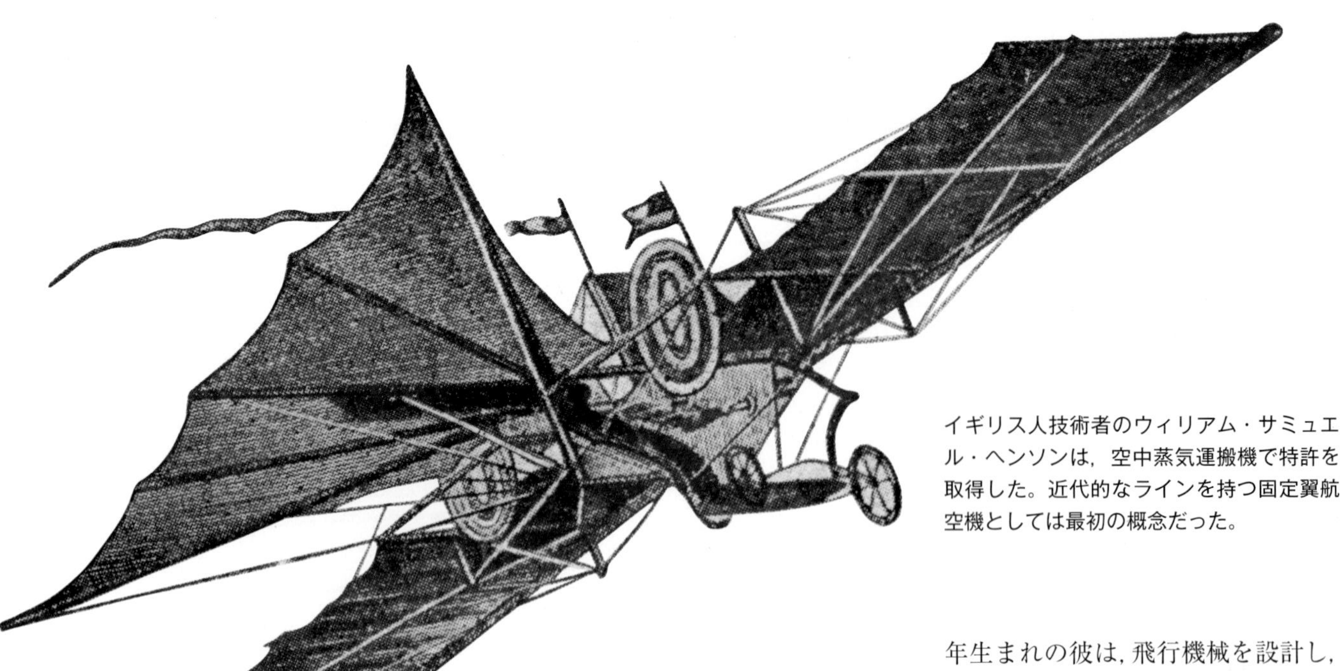

イギリス人技術者のウィリアム・サミュエル・ヘンソンは，空中蒸気運搬機で特許を取得した。近代的なラインを持つ固定翼航空機としては最初の概念だった。

学出版物に掲載された。しかし，ケイリーの著作がより多くの人々の目に触れるようになるまでには，彼の死後20年ほど時間がかかっている。1876年にイギリスで，1877年にはフランスで論文が出版された。

ケイリーは論文の一節でこう述べている。

「海を渡るよりも安全に家族や貨物とともに旅をできるようにする優れた技術が，すぐに現れると強く確信した。それを可能にするのは，人間の筋肉よりも大きい力を出せるエンジンだ」

ある意味，これはジョージ・ケイリー卿の"悲運"を物語っている。つまり，彼の設計は空に飛び出すのに十分な技術的裏付けはあったものの，空中に留まることができるだけの動力が存在していなかったということなのである。持続可能な動力源，すなわち内燃機関（エンジン）があれば，ケイリーの設計は19世紀後半にイギリスのヨークシャーで，有人による持続的な動力飛行を成功させていたであろう。

蒸気エンジン

飛行する機械の動力としては，重量はあっても蒸気エンジンが適していると確信していた男がいた。イギリスのサマセット州に住むウィリアム・サミュエル・ヘンソンだ。ジョージ・ケイリー卿の著作に大きな影響を受けた技術者の一人である。1842年生まれの彼は，飛行機械を設計し，特許も取得していた。その技術はのちに登場する"空気よりも重い空飛ぶ機械"（重航空機）の開発に，多大な影響を及ぼすことになる。ヘンソンの設計した空中蒸気運搬機（Aerial Steam Carriage）は，近代的な外形を持つ，これまでにない固定翼機の概念だった。ボートのような胴体に通常の主翼を持ち，尾部が取り付けられていた。ヘンソンは航空輸送ビジネスを立ち上げることに熱心で，友人のジョン・ストリングフェロー

サミュエル・ヘンソンは模型によるテストが失敗し，空中蒸気運搬機に幻滅したが，その概念は仲間のジョン・ストリングフェローに受け継がれて，ヘンソンの蒸気機関単葉機設計に改良が加えられていった。

▲▼ジョン・ストリングフェローは，動力航空機を製作して飛ばした最初の人物だが，
彼の模型は持続飛行の能力がなかったと考えられている。

とともに空中蒸気輸送会社（Aerial Steam Transit Company）を設立することも計画していた。最終的に，この会社は実現できなかった。そればかりか，ヘンソンは縮尺模型のテストが失敗してから興味を失い，1848年にアメリカに移住し，それ以上は航空に関心を示さなかったという。

ヘンソンがこの計画に失望し，アメリカに移住してしまった一方で，同僚のストリングフェローは友人が製造した小型の蒸気エンジンを改良して，それを翼幅約3mの新しい小型単葉機の模型に搭載した。試験飛行は1848年にサマセット州チャードで行われたが，結果は残念なものだった。ケーブルで高所に持ち上げて飛ばしたが，飛行を持続させられなかったのだ。

ストリングフェローはそれ以降の20年間の大部分を航空設計から遠ざかっていたが，1868年に異なるタイプの模型飛行機を製作した。今度は三葉機である。同じ年にロンドンのクリスタルパレスで開かれた世界初の航空博覧会に出展し，その革新的な設計で航空協会の賞を受け，賞金100ポンドを得た。この設計では，実際に小型蒸気エンジンの効率が認められ，試験を行った中で最高の推力重量比を実現したという。航空協会の文書では，以下のように概要を記している。

「それは，総面積が2.6m^{2}の3枚の平面と0.7m^{2}を超える尾翼で構成されていた。重量は5.5kg以下，最大評価1/3英馬力の蒸気エンジンでプロペラを駆動する。滑走はワイヤーにつながれて行われたが，自由飛行には失敗した。平衡を保つ機能に欠陥があった」

目撃者の一人によれば，ストリングフェローはクリスタルパレスでの展示後も，自ら開発した模型の試験をチャードに戻って続けたという。

「解放され自由になると，それ（模型飛行機）はキャンバスに引っかかるまで緩い傾斜を下っていったが，それがなければ回復しただろうとい

クレマン・アデールは紛れもなく，自身の動力で飛行を可能にする機械を設計した最初の人物だが，初めて重航空機で持続飛行を行ったという主張は虚偽であった。

う印象を受けた。……これは，広々とした場所での自由飛行に向いているが，展示会でそれを満たすには，手直しに多くの作業が必要であるとわかった。その数カ月後，筆者（M・ブレアリー）立ち合いの下，チャードの広場でワイヤーを張って試験を行った。エンジンには変性アルコールを入れたが，ワイヤーの下を走っていたある区間で火が消えていたため，この興味深い試験は中止された」

獲得した賞金でストリングフェローは，「全長21m以上の建物を建て，そこで最終的に，人間を運ぶために必要な操縦ができる大型装置を実験する」と述べた。模型を使った経験からわかっていたことは，自動安定性のない空中装置をうまく制御することである。しかし，このとき彼はすでに69歳で，視力も低下しており，それまでの成果をしのぐものを完成させることができず，1883年に死去した。

ジョン・ストリングフェローがこの世を去っても，彼の一族は航空への関わりを断ち切ることなく，息子のF・J・ストリングフェローが研究を継いだ。1886年には二つのプロペラを持つ蒸気動力の複葉機を設計したが，この試みも失敗。これら，二人のストリングフェローの結果からわかることは，蒸気機関が動力飛行を達成するための答えではなかったということである。

蒸気研究の継続

ストリングフェローの失敗にもかかわらず，蒸気エンジンを世界最初の動力飛行に使おうという動きがなくなることはなかった。たとえば，フランス海軍士官のフェリックス・デュ・タンプル・ド・ラ・クロワだ。1857年に世界で初めて動力模型航空機の飛行を成功させた彼は，1874年にはフルサイズのデュ・タンプル単葉機を製作。水兵（名前の記録はない）が搭乗し，ランプから発進し動力で離陸した。結局は馬力不足で飛行は続かなかったものの，初めて地面を離れた原寸大の動力飛行機となったのである。

また1884年には，イギリスの蒸気エンジンを使った動力飛行機が，ロシア人技術者のアレクサンダー・フェオドロビッチ・モザイスキによって製作された。この機械は，サンクトペテルブルク近郊のクラスノエ・セロで，I・N・ゴルベフの操縦によりスキージャンプ型の発射台から発進したが，これも継続した飛行はできなかったようだ。設計は，ヘンソンの空中蒸気運搬機を基本にしており，発進の方法も同様である。スターリン時代には，ソ連（旧ソビエト連邦）の著述家などが「世界最初の動力飛行だ」と声高に叫んでいたが，それは空想か，故意に流した虚偽情報に過ぎない。

不幸なことに，こうした詐欺的手

フランスの芸術工芸博物館に展示されているアデールのアビオンⅢ。前作のアビオンⅡは完成しなかった。

1897年にクレマン・アデールがアビオンⅢで試験を行ったときの写真。しかし，離陸に失敗し試験は中止になった。

ポトマック川のハウスボートの上に設けられた，サミュエル・ピエールポント・ラングレーのエアロドーム。19世紀のアメリカで模型航空機の科学的研究を行うためにつくられた施設である。

法は航空の黎明期にはよく見られるものだ。威信をかけて競い合う飛行の分野では，なおさらだった。そうした中で最も悲しむべきは，フランスの優秀なエンジニアだったクレマン・アデールだろう。才能にあふれた彼は，初めて自力で飛行する航空機を設計し航空史に名を残すはずだった。しかし，「最初に空中よりも重い飛行機で持続的に飛行を成功させたのは私だ」と根拠もなく主張したために，彼への信頼はたちまち失墜してしまったのである。

四つの風の神

アデールの蒸気動力飛行機は，四つの風を操るギリシャ神「アイオロス」にちなんでエオルと名付けられたコウモリ形の設計で，1890年に完成した。同年10月9日に，アデールはフランスのグレ近郊のダルマンヴィリエール城内にある友人所有の敷地で，試験飛行の準備を行っていた。蒸気エンジンを始動させ，アデール自身が初歩的な操縦席に収まると，午後4時，エオルは短い距離をタキシングしたあと，ホップしながら宙に浮き50mほど地面を擦るように進んだ。この短い飛行は制御不能で，持続飛行には蒸気エンジンは不向きであった。しかし，アデールはともかく，重航空機が自らの動力で離陸したことを世界で最初に実証したことにはなる。

陸軍省の支援により，アデールはエオルの設計を改修，大型化して，1892年にアビオンⅡと名付けた機械の製作に着手(「アビオン」はアデールによる造語で航空機を意味する言葉とされ，今日でもフランス語では航空機や航空を意味する「アビオン（avion）」が使われている）。この機械は完成しなかったが，次のアビオンⅢがつくられて，15kW（20英馬力）の蒸気エンジン2基が，反転する牽引式プロペラを駆動した。機械の試験は，1897年10月12日と14日の2度，ベルサイユの南に位置するサトリで行われた。どちらも，地面を離れることはなく，1回目は単に置かれている場所から移動しただけで，2度目は飛び上がったものの，それ以降は飛行することができず試験は打ち切られた。

しかし1906年になって，アデールはアビオンⅢが300mの距離を飛行したと主張し，その飛行は真の成功であると記述したのである。「アデール事件」として知られるこの悲しい出来事は別として，アデールが飛行装置のモデルとしてコウモリの研究に固執し続けていたのは残念なことだ。仮に，彼の設計の基本が鳥の翼の構造にあったとしたら，重航空機の制御された飛行を最初に実現した男になっていたかもしれない。しかしながら，エオルにしてもアビオンⅢにしても，昇降舵やその他の飛行制御装置は備えられていなかったのである。クレマン・アデールは1926年3月5日，フランスのトゥールーズで死去した。

ラングレーのエアロドームA。1903年12月8日に，クアンティコ近くのポトマック川に係留されているハウスボートから発射された直後に壊れた。これは2回目の試みだった。

串型（タンデム翼）単葉機

19世紀のアメリカで科学的な研究をリードしていたのは，サミュエル・ピエールポント・ラングレーである。自分の名前を冠した一連の飛行装置を研究し，エアロドームと名付けた航空機の模型を設計した。当時の航空界において，これまでとはまったく異なった手法を用いたが，脆弱で壊れやすく，かつ出力不足の設計であったようだ。このために何回かの失敗を重ねたものの，ラングレーは，1896年5月6日にエアロドーム5号により無人でのエンジン駆動による重航空機を飛行させて，初めて本格的な成功を手に入れた。この日，バージニア州クアンティコ近くのポトマック川で行われた飛行は，川に浮かぶハウスボートのてっぺんにスプリング作動式の発射装置を付けて行われた。飛行は午後に2回行われ，最初は約1,000 m，2回目は約700mを飛び，速度は約40km/hを記録。同様に，11月28日にはエアロドーム6号で約1,460mの距離を飛んだ。

ラングレーは1903年に，フルスケールの有人串型単葉機の製作に進んだ。しかし，10月7日と12月8日に行ったハウスボート改造発射機を使った飛行では，2度とも墜落してしまい，この設計は放棄された。

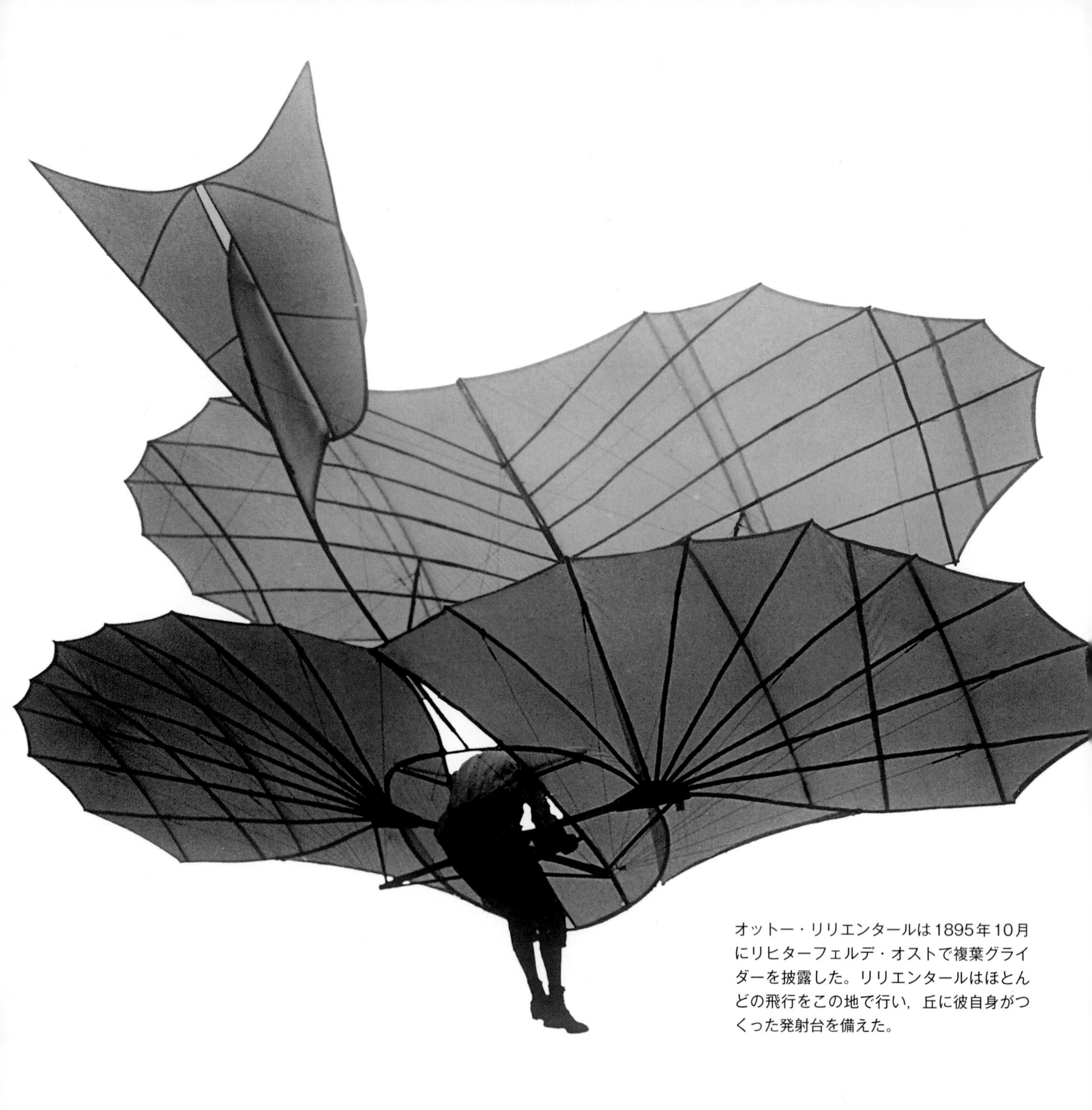

オットー・リリエンタールは1895年10月にリヒターフェルデ・オストで複葉グライダーを披露した。リリエンタールはほとんどの飛行をこの地で行い，丘に彼自身がつくった発射台を備えた。

19世紀後半，アデールやラングレー，その他の技術者が動力機設計の実験を行っている一方で，一人の男がグライダーを使って重航空機による飛行を成功させようとしていた。オットー・リリエンタールである。世界で初めて離陸と制御飛行を実現させたドイツ人技術者であり発明家だ。リリエンタールがまだ14歳の少年だった頃，飛行の仕組みに関心を持ち，2機の初歩的なグライダーで実験を行っている。1860年代末に弟のグスタフと本格的に航空の研究を始め，鳥が飛行するメカニズムや空気力学を研究した。

1891年から1896年までの間に，リリエンタールはフルサイズのグライダーによる実験で大きな成功を収めた。彼の空気力学理論に基づいた，異なる16種類のグライダーで，2,000回近くの短い飛行を実施。最初の2機は失敗に終わったが，3機目の単葉機は十字形の尾翼とフィンを備え，これがうまく機能したため，その後の機体にも用いられるようになった。柳の木による円形の衝撃吸収装置を備えたことで，グライダー9号が機首から地面に突っ込むという深刻な事故を起こしたときでも，彼は生き残り，単葉グライダーを標準仕様として，グライダー11号までを製作したのである。

リリエンタールは，グロース・リ

ヒターフェルデの自宅近くの丘や，ベルリンから約80km離れたリノウの小さな村を囲む丘から滑空実験の多くを行った。グライダーによる彼の最高記録は，飛行距離300m以上，滞空時間12～15秒というものだ。

ところが，1896年夏，リリエンタールの研究は突然の悲劇とともに終わりを迎える。8月9日に標準的な単葉グライダーで滑空していたとき，猛烈な突風が吹いて大きな機首上げ姿勢となって失速，高さ15mから墜落してしまう。リリエンタールは背骨を骨折し，すぐにベルリンの病院に運ばれたが，翌日に死亡した。

ピルチャーのグライダー

本人が死亡する事故で幕を閉じてしまったが，グライダーによるリリエンタールの実績は，空を目指すほかの人たちに刺激を与えた。その一人がスコットランド人のパーシー・シンクレア・ピルチャーである。彼はリリエンタールのもとを2度訪れて，グライダー1機を持ち帰っていた。いくつかの経験を重ねたあと，ピルチャーは自身のグライダーを設計し，1895年に製作して「バット（コウモリ）」と命名した。それに続く2機のグライダーは失敗に終わったが，1897年には最新のグライダー「ホーク（鷹）」が230mの飛距離を記録している。

そのピルチャーも，ホークの構造的な故障で，1899年に命を落とした。そのとき，彼が製作していた単葉機は，オイルで動く小型エンジンを搭載したものだった。エンジンはすでに完成し，試験も行われていた。それから約100年を経た2003年，このエンジンの複製がイギリスのクランフィールド大学航空学部で製作され，向かい風を利用することなく浮き上がって1分26秒の滞空時間を記録，持続的な制御飛行を成功させている。ピルチャーは，もし墜落事故がなければ，動力による持続飛行を初めて達成した人になっていたかもしれなかった。代わって，その栄誉を得たのは，二人のアメリカ人兄弟だ。ヨーロッパの揺籃期における飛行家たちの努力は，大西洋を越えて実現することになった。

そのサクセスストーリーは，1878年のある日，兄弟が父親からプレゼントをもらったことに始まる。それは，全長が約30cm，紙，竹，コルクでできており，ゴムで引っ張られた2枚のブレードが付いた飛行機械の模型だった。少年たちは壊れるまで遊び続けたあと，今度は自分たちでその機械をつくりたいと思ったようだ。その少年たちこそ，のちのウィルバーとオービルのライト兄弟であった。

リリエンタールの単葉グライダー11号。リリエンタールは，同型機で1896年8月9日に墜落死した。

第2章
動力飛行のパイオニアたち（1900年～1914年）

19世紀後半になると，飛行家たちはさまざまな内燃機関を試すことになる。1876年にニコラウス・フォン・オットーが初めて実証したガソリンによる4サイクル・エンジンが，有人飛行に真の技術的革命をもたらした。

オービルとウィルバーのライト兄弟は，動力飛行機の製作に至るまでに，凧やグライダーの実験を行うという賢明な道のりを歩んだ。オハイオ州デイトンに住み，自転車の設計・修理・製造を行っていた彼らは，事業の成功によって飛行への情熱を抱くようになった。それは，オットー・リリエンタールのグライダー飛行に関する記事を読んだことも大きく影響しており，1896年に起きた三つの出来事も絡んで，飛行機の製造につながったのである。その一つ目は，スミソニアン協会の委員であったサミュエル・ラングレーによる無人の蒸気動力機の模型製作で，二つ目はシカゴの技術者オクターブ・シャヌートがミシガン湖で多くのハンググライダーを試験したこと，そして三つ目がリリエンタールの事故死だった。

◀キティホークでのライト兄弟による初期の飛行を写真に収めるカメラマン。ライト兄弟は動力飛行の前に数機のグライダーを製作し，細心の注意を払って研究を進めた。

オービル・ライト（左）とウィルバー・ライト（右）

1909年に車輪式の降着装置を取り付けたライト兄弟のフライヤーⅠ。写真の人物はアメリカ陸軍通信部隊飛行師団の隊員である。

ライト兄弟が1899年に完成させた最初のグライダーは，複葉の主翼と前方にある1枚の板を昇降舵として機能させ，尾翼はなかった。飛行させる場所としてはノースカロライナ州のキティホークが選ばれたのだが，これは，どの時間帯でも風が安定しているという気象局の助言があったからだ。1900年10月の飛行は凧のようなグライダーで，空中に上がったときにどのような感じになるのかを試す目的だったという。1901年7月と8月にはキティホークのキルデビルヒルズで，やはり複葉の主翼と単葉の昇降舵を持つグライダー2号を飛行させたが，1902年8月に飛行したグライダー3号は垂直尾翼が2枚あった。それはのちに，たわみ翼とつながる方向舵になる。たわみ翼とは，横方向の制御を行うための翼であり，のちに補助翼（エルロン）と置き換えられた。

科学的な取り組み

ライト兄弟の取り組みは科学的だった。彼らは，天秤のある風洞を使って主翼にかかる力の強さと方向を計測し，飛行に影響を及ぼす要素である揚力と抗力を測る器材をつくり，結果を表にまとめた。グライダー3号の製作は，風洞の計測やこれらの研究の結果に基づいて行われ，動力付き有人機を製作するのに十分な精度を確保できると考えられた。

やがて図面に描かれたのは，翼幅12.3 m，全長8.5 m，全高2.5 mの複葉機だった。重量は274 kgになった。主翼は桁と小骨の構造を持ち，上下の表面はさらしで，処理の施されていないモスリンが使用されていた。主翼の外部は，横のバランスを取るためにたわむようになっている。主翼の後方にある二つのプロペラは，互いに逆方向に回転。プロペラは固め合わせたスプルース（モミの木）材の2層構造で，それぞれの厚さは4.5cmだった。小骨と降着装置（一組のソリ）は二次林のアッシュ材（モクセイ科）で，支柱にはスプルースが使われた。前方には突き出した形で上下方向を制御する昇降舵があり，大きさは4.5m^2，後方の布張りされた方向舵の面積は1.9m^{2}あった。パイロットは下翼の上に腹ばい

になり，左手の小さなレバーで昇降舵を操作する。臀部に当たる部分には小さな籠があり，体を左右に動かして翼をたわませるとともに方向舵を動かした。寝そべる場所は主翼ビームに取り付けたエンジンとの重量バランスから，中央よりも少し左に寄せられていた。

何らかの事情でアメリカの製造業者からエンジンが購入できなくなったため，ライト兄弟は自分たちの作業場でエンジンを製作せざるをえなくなり，従業員の技術者チャールズ・E・テイラーの助けを得て，独自にエンジンをつくることにした。完成したのは，10cmのボア・ストロークを持ち9kW近い推力を有する4サイクル・エンジンである。

1903年9月に機体がキティホークに送られた。作業の遅れや装備品に問題もあったが，12月14日には飛行試験に向けて準備がすべて整った。台車に載せられた機体は風上に向けられ，地上に設置した18mの発進コースにセットされた。兄弟はどちらが先にパイロットになるかをコインで決め，ウィルバーが勝った。プロペラが回され，レール上を動き始める。スピードが増してくると空中に浮いたが，機首が急角度で上がりすぎたため，失速して墜落してしまった。降着装置のソリと細かな部

フライヤー号は1903年12月17日にキティホークで12秒間の歴史的な飛行を行った。この日は，さらに3回飛行している。

20世紀最初の10年間で，補助翼（このレヴァヴァスールの単葉機の翼端に見える）が，ライト兄弟を始めとする初期の設計者たちが採用していた主翼をたわませる手法に取って代わった。

リッジ中尉，グレン・H・カーチスが会員に名を連ねていた。カナダのノバスコシア州バデック湾のベイン・バリーと，ニューヨーク州キューカ湖のハモンズポートに拠点を置いていたAEAが最初に設計したのは，大型のグライダーだ。1907年12月に2度の曳航飛行に成功しており，続いて製作された複葉のハンググライダーは1908年初めに約50回飛行した記録がある。

AEAによる最初の動力航空機は，グレン・カーチスが設計した30kWのエンジンを付けた「レッドウイング」だ。1908年3月に2度飛行し，続いて1908年5月には「ホワイトウイング」が飛行している。これが，アメリカで初めて主翼の端に補助翼を有した機体となった。AEAの3番目の航空機が「ジューン・バグ」である。レッドウイングの30kWエンジンを搭載し，同年6月21日にハモンズポートで初飛行した。これらを設計したのがグレン・カーチスである。航空に関心を持つ前，競争用のオートバイの製作と販売を行っており，自身もレーサーであった彼は，7月4日，1km（0.6マイル）以上の飛行が公式記録として認められ，アメリカ科学賞を受賞している。その約2カ月前の5月14日には，すでに改良されたフライヤーⅢがウィルバーの操縦で8km（5マイル）を飛行していた。さらにそれ以前，フライヤーⅢは乗客を乗せて2回の飛行を行っている。これが史上初の乗客を乗せ

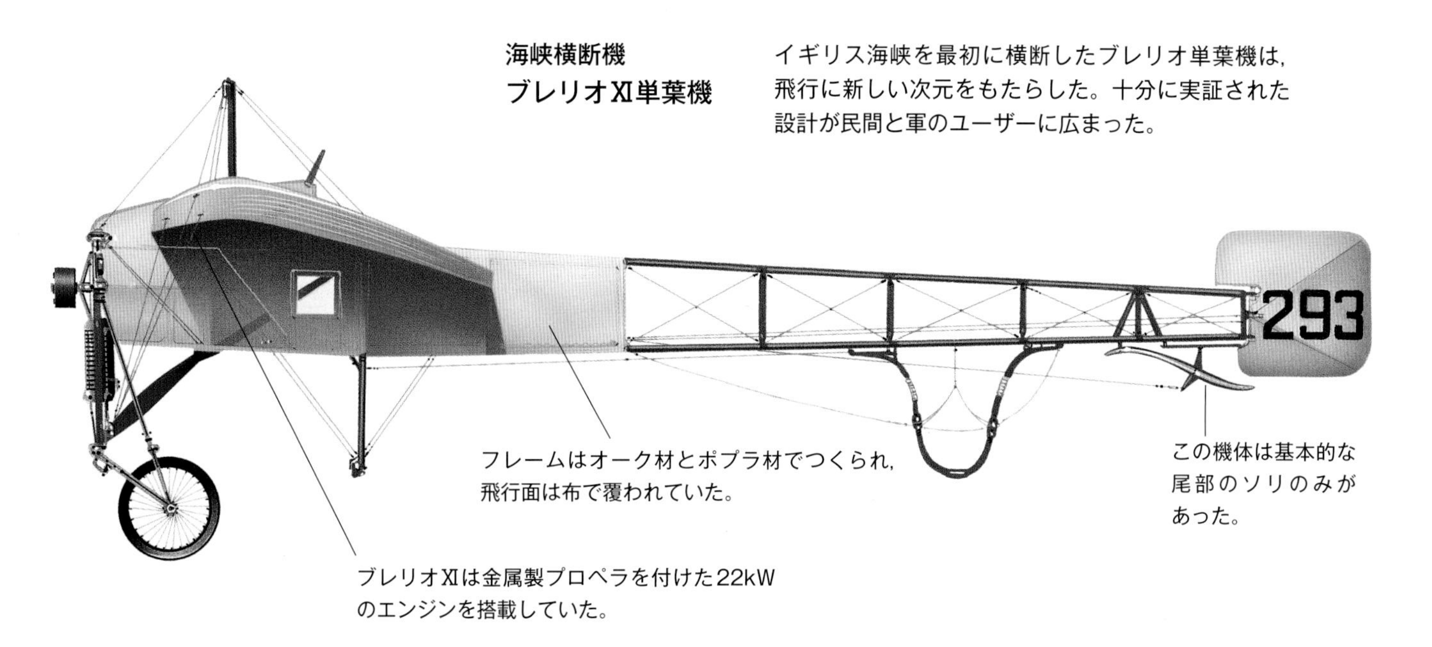

海峡横断機
ブレリオXI単葉機

イギリス海峡を最初に横断したブレリオ単葉機は，飛行に新しい次元をもたらした。十分に実証された設計が民間と軍のユーザーに広まった。

た飛行だった。

AEAにとって4機目で最後の機体となったのは「シルバー・ダート」である。「ジューン・バグ」と同様の設計だったが，37kWの水冷カーチス・エンジンを下側の主翼と上翼の間に取り付け，胴体フレームの後方に配置した二つの推進式プロペラをチェーン・ベルトで駆動した。ハモンズポートでつくられたこの機体は，氷結したバデック湾でケイシー・ボールドウィンとジョン・マッカーディの手で飛行した。マッカーディは初めてイギリス国外で飛行したイギリス連邦のパイロットとなった。

海峡横断に挑む

当時のヨーロッパに，航空の発展に最も貢献した人物として，レオン・レヴァヴァスールがいる。元芸術家でのちに技術者となった。1903年からモーターボート用に各種の優れたエンジンを設計していた彼は，その後，ソシエテ・アントワネット社（この会社名は社長の娘であるアントワネット・ガスティンビデにちなんで名付けられた）の主任設計者になっている。

レヴァヴァスールが設計したのは単葉機だ。初号機は推進式飛行機だったが，完成までには至らなかった。2号機のガスタンビード・メンギンⅠ（メンギンは会社の一員）は，短く跳躍を数回繰り返したが，結局壊れてしまった。これをアントワネットⅡとして再生し，1908年7月22日に飛行を成功させ，8月21日には単葉機として初めて周回飛行を行った。アントワネットⅣは，スタンダード型アントワネットの初号機で，初飛行したのは同年10月。1909年7月19日，イギリス海峡横断を試みた飛行家のパイオニア，エベール・ラタム（フランス生まれで，祖先はイギリス人）が操縦したものの，海に墜落してしまった。

その1週間後の7月25日，海峡横断飛行に成功したのがフランスの飛行家ルイ・ブレリオだ。1908年から実験機を製作していたブレリオは，同年12月にパリの自動車・航空サロンに設計した3機を展示。そのうち75kWのアントワネット・エンジンを搭載した単葉機ブレリオⅨ

ブレリオXI単葉機
タイプ：単葉機
推進装置：16.5～19kWのアンザニ3気筒扇形エンジン
最大速度：75.6km/h
重量：230kg
寸法：全幅7.79m
全長7.62m
全高2.69m
主翼面積14.0m²

イギリス，ビッグスウェードのオールド・ウォーデンにあるシャトルワース・コレクション所蔵のブレリオXI単葉機。公開展示は穏やかな日だけに限定されていた。

は，何回か跳躍しただけで，推進式複葉機のブレリオXも未完に終わった。ブレリオの評価を高め，将来を約束したのが3号機のブレリオXIである。牽引式の単葉機だったブレリオXIは，22kWのREP（ロベール・アルベール・シャルル・エスノー＝ペルトリ）エンジンに粗悪な4枚羽の金属製プロペラを組み合わせたもので，1909年1月23日にイッシーで初飛行した。4月には改修し，REPは22kWのアンザニ・エンジンに変更され，プロペラもより洗練されたものに交換された。同機体は横方向の操縦にたわみ翼の技術が使用されており，このシステムを採り入れた最初のヨーロッパ製航空機である。

ブレリオXIは1909年春と夏に数回飛行し，そのうち1回は50分間の飛行を成功させた。その後，カレー近郊のレ・バラックを飛び立ち，約30分後にイングランドのドーバー城近くの野原に着陸。その結果，ロ

ルイ・ブレリオは1872年7月1日にフランスのカンブレーに生まれ，パリで工学を学んだ。早くから航空に関心を抱くようになり，1900年にはモーターを動力としたオーニソプターを製作したが失敗に終わった。

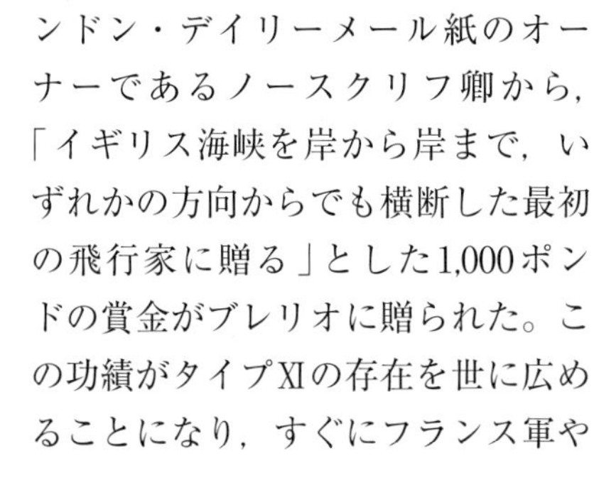

ンドン・デイリーメール紙のオーナーであるノースクリフ卿から，「イギリス海峡を岸から岸まで，いずれかの方向からでも横断した最初の飛行家に贈る」とした1,000ポンドの賞金がブレリオに贈られた。この功績がタイプXIの存在を世に広めることになり，すぐにフランス軍や他国の軍用機として生産されることになったのである。

一方，航空開発の先頭を走っていたライト兄弟は，1907年7月，彼らの最新航空機であるライトAをフランスのル・アーブルに送った。この機体は，一般公開用に設計した最初の航空機だ。ウィルバーが操縦し，飛行能力の高さで観衆を驚かせた。1908年8月から12月にかけて，ウィルバーはユノディールとオーブルで60人を乗せて113回飛行し，その後のポーでは乗客と一緒に68回飛行している。こうした中，2機目のライトAがアメリカ陸軍通信部隊の受領試験を受けていたが，1908年9月17日に墜落。T・E・セルフリッジ中尉が死亡し，オービル・ライトも負傷してしまった。しかし，この悲劇にもかかわらず，次の機体が通信部隊に受領された。これが，世界初の軍用機になった。同年に，さらに10機のライトAが製造され，そのうちヨーロッパで組み立てられた機体は，多くの顧客に使用されることになった。

ウィルバー・ライトが1908年にフランスでツアーを行うと，それに刺激された三兄弟が現れる。ホレース，ユーステス，オズワルドのショート兄弟で，イギリスで初めて航空機の商業生産を行う会社を設立した。

1909年初めに，気球の製造で優れた技術力に定評があったショート兄弟は，イギリスの顧客向けにライト・フライヤー6機をライセンス生産しようとした。しかし，すでにホレース・ショートが独自に設計を始めていた。その多くはライトの設計に基づいた推進式複葉機で，ロンドンのバターシーにある鉄道橋下の敷地内で製造され，1909年夏に完成した。22kWのエンジンを備え，数回の飛行を試みたが，レールから浮かび上がれなかった。さらに次の航空機で改良を重ね，1909年9月27日に航空機の所有者であるJ・T・C・ムーア＝ブラバゾンが操縦して初飛行に成功した。ブラバゾンは1910年3月1日に30km余りを31分で飛行し，大英帝国ミシュランカップを獲得している。

ミシュランカップは，20世紀初頭の航空開発に多大な貢献を果たした賞の一つだ。この賞はフランスのタイヤ・メーカーであるミシュランが飛行時間に関して授与するもので，大会には誰もが参加できるようになっていた。最初の受賞者が1908年12月31日にフランスで2.2kmの周回コースを56周したウィルバー・ライトで，飛行距離と滞空時間の両方で世界記録を樹立した。その後，完全なイギリス製の航空機によるイギリス人パイロットのみが参加できる大会として創設された大英帝国ミシュランカップで，ムーア＝ブラバゾンが優勝した。

これらの人々のうちスポーツ目的の飛行を最大限に推進した人物が，パリを拠点にしていたブラジル移民のアルベルト・サントス＝デュモンだ。20世紀初頭に彼が設計した飛行船のほとんどはスポーツ用ではなかったが，その後，次々と生み出した重航空機は，真に世界初の軽飛行機といっても過言ではない。その最初の機体は14-bisで，1906年にデュモンの飛行船14号に吊して試験された。続いて一連の動力による跳躍を行った。さらに，改造した小型の単座機は，「ドゥモアゼル（トンボ）」として知られるようになり，その初号機ドゥモアゼル19号は1907年に飛行。1909年9月には，より強力なエンジンを搭載し大幅に改良されたドゥモアゼル20号が，約18kmを16分で飛行した。ドゥモアゼルはスポーツを目的として製作された初の航空機で，スポーツ飛行家に10～15機販売された。しかし，デュモンは1910年に多発性硬化症に罹

1908年のウィルバー・ライトによるフランス・ツアーは，航空機製造企業を立ち上げていたイギリス人のホレース，ユーステス，オズワルドのショート三兄弟に大きな刺激を与えた。これは彼らの複葉機No.1である。

小型飛行船シリーズで名を高めたアルベルト・サントス=デュモンは，スポーツ飛行を主目的とした動力航空機の製造へと進んだ。

り，半ば引退。1932年，自ら命を絶ったことで，ドゥモアゼルはデュモンの最初で最後の成功作となってしまった。

賞金を追い求めて

その頃，ほかの飛行家たちも航空界での功績を挙げるため賞金の獲得を目指していた。その一人が航空の発展に大きく寄与したアブロ社の創業者アリオット・ヴァードン・ローだ。ローは1907年の前翼形式の推進式複葉機「ロー1号」で，設計者としてのキャリアをスタートさせた。彼は自らその機体に乗り込み，ブルックランズのレーシング・サーキット上空を最初に飛行したパイロットに与えられる2,500ポンドの賞金を目指したが失敗。これで諦めなかったローは，1909年7月23日にイギリスで設計されたエンジンを動力とした三葉機1号でパイロットとして飛行した。これが最初のイギリス製航空機である。ローⅡ三葉機と名付けられた2番目の航空機は，ブルックランズで飛行に成功した。これら初期の設計機は，ローにとって初の成功作となる，有名なアブロ504を開発するにあたって貴重な経験となったのである。

イギリスで最初の民間航空機メーカーを設立したのはショート兄弟だが，ヨーロッパ大陸ではガブリエルとシャルルのボワゾン兄弟が，1906年初めにフランスのビヤンクールに工場をつくった。ボワゾン兄弟は何の変哲もないが，安全な複葉機を自家用顧客向けに次々と製造した。その顧客の一人が飛行家のアンリ・ファルマンである。パリに駐在するイギリス人の新聞特派員の子供としてフランスで生まれた彼は，飛行家としての初期の活動でボワゾンと密接な関係を持ち，1907年夏に航空機の製造を依頼した。

ファルマンはこれに多くの改造を施したボワゾン・ファルマンⅠで，10月7日に飛行し，高度771m，滞空時間52.6秒を達成している。

1909年，ファルマンは自身の工場を立ち上げて，さらに強力な複葉

アリオット・ヴァードン・ローの三葉機。ローは世界で最も有名な飛行機メーカーの一つとなったアブロ社の創設者となり，第二次世界大戦時の名機，ランカスターなどの大型機を手掛けることとなった。

機を設計・製造した。以来，世に送り出した複葉機は，当時のヨーロッパのみならず世界各地で広く使われ，高い信頼性を獲得した。1910年4月，ファルマンの複葉機はクロード・グラハム＝ホワイトとルイ・ポーランにより，ロンドン―マンチェスター間の華々しい航空レースに出場することになった。デイリーメール紙が10,000ポンドの賞金を提示したこのレースでは，ポーランが勝利したが，グラハム＝ホワイトもイギリスで初となる無着陸での夜間飛行を達成し，賞金は二人の間で等分された。

陸軍航空機1号

このパイオニアの時代，イギリス航空界の頂点にいた一人がアメリカから移住したサミュエル・フランクリン・コーディである。彼は，ファーンボテオドール・コーバーロの王立技術気球工場に観測用凧の指導者と

アルベルト・サントス＝デュモンは，“パリが愛した小さな男”として知られたが，彼自身は自分を初の“空のスポーツマン”と表現した。彼の最初の飛行は，経験のある気球パイロットを雇った“乗客”としてであった。

して雇われていた（1909年にイギリス国籍を取得）。コーディが設計した人を持ち上げる凧（man-lifting kites）は，1906年にイギリス陸軍で採用され広く使われた。1907年にコーディは無人の動力付き凧の実験を行い，翌年には自力で初の実物大動力航空機を製作。これがイギリス陸軍の航空機1号で，ライト兄弟の設計を基本に37kWのアントワネット・エンジンを装備していた。このイギリス陸軍機1号は1908年9月29日に高度71.3mまで上昇し，初の完全な離陸と認定。10月16日にはファーンボロで423.7m飛行した。これは不時着で終わったものの，イギリス初の重航空機による持続動力飛行と公式に認められている。1909年9月8日にはラファン平原（ファーンボロ）周辺で1時間以上，約64kmを飛行した。

イギリス陸軍機1号で1年以上の試験飛行をしたのち，コーディは第1回ミシュランカップに出場するために新たな複葉機を製作した。その航空機は単に「コーディ・ミシュランカップ複葉機」と名付けられ，彼が設計した最初の機体を思い起こさせたが，たわみ翼の技術に代えて補助翼（エルロン）を用いた操縦法に改良が加えられた。コーディはこの2機目の複葉機で，152kmの距離を2時間45分で飛行し，イギリスの国内新記録を打ち立てた。また1910年12月31日には，ミシュランカップで自身の記録を破る4時間47分で298.47kmを飛行し優勝した。

この間，ショート兄弟はイーストチャーチの新社屋でイギリス海軍の

古の開拓者 アブロ504

最初のアブロ504は，1913年にA・V・ローによって製造された。第一次世界大戦中，イギリス陸海軍が戦闘機，爆撃機，練習機として使用した。24年間にわたって生産され，世界各地にも輸出された。

胴体はアッシュ材，スプルースの交差支柱は薬剤で堅くした布で覆っていた。

イラストはG-EBIZの民間登録記号を持つ機体（アブロ504K）。1935年まで使われた。

主脚はゴム製の緩衝材を備えた鋼管で取り付けられたアッシュ材のソリで構成されていた。

飛行展示で性能を披露するアブロ504。イギリス空軍，イギリス連邦諸国，そして外国のパイロットの多数がこの航空機で飛行を学んだ。また，戦闘や偵察，夜間の爆撃にも使用された。

アブロ504K

タイプ：複座初等練習機
推進装置：82kWのル・ローン回転式ピストン・エンジン
最大速度：153km/h
フェリー航続距離：402km
実用上昇限度：4,875m
空虚重量：558kg
最大離陸重量：830kg
寸法：全幅10.97m
全長8.97m
全高3.17m
主翼面積30.66m²

要求に応えようとしていた。1912年1月，ホレース・ショートが37kWのノーム・エンジンを使った最初の単葉機を製作。ブレリオ式の機体で何人かの海軍パイロットが飛行したものの，開発は取り止めになった。海軍の発注で次に製造されたのは，二人乗りのナセル後部の左右に52kWのノーム・エンジンを1基ずつ搭載した機体である。このエンジンは，乗員に潤滑油を浴びせたことから「ダブル・ダーティ（二重の汚し屋）」のあだ名を頂戴している。何度か飛行したが，海軍は採用しなかった。しかし，海軍はショートに対して，艦上の運用に適した折り畳

第一次世界大戦時，連合国の多くのパイロットがモーリス・ファルマン・ショートホーンのような吹き抜けコクピットで，初めての飛行経験を味わった。イギリス海軍航空隊（RNAS）のショートホーンが初の夜間爆撃を行った。

み翼を含む，指摘項目のリストを渡している。

その後，ホレース・ショートは海軍から水陸で使える牽引式複葉機2機の製作契約を得た。そのうちS.41と名付けた大型機は1912年4月に初飛行し，海軍の審査を受けるため5月3日にウェイマスに送られ，水上機に転換されている。巡洋艦「ハイバーニア」の艦上から吊り下ろされ，C･R･サムソン中佐の操縦でポートランドまで飛行した。その3日後，同じパイロットが洋上を19km飛行し艦隊に合流，旗艦をウェイマス湾へ護衛した。さらに多くの飛行で成功を重ね，S.41はショートが製造した一連の牽引式水上機の先駆けとなったのである。

長きにわたるショート兄弟の海洋航空事業が，本格的に確立されたのは1913年。ホレース・ショートが先の海軍の要求に応えて，水上機の主翼を胴体に沿って後方に折り畳める機構を開発し，軍艦に乗せやすくしたのである。「ショート・フォルダー（ショートの折り畳み）」として知られるこの新型航空機は，1913年にイギリス海軍航空隊で就役し，1914年7月28日にA・M・ロングモア少佐の操縦により，イギリスで初めて空中から魚雷を投下した。

確立した利用価値

こうして，20世紀の最初の10年が終わる頃，航空機は戦争の道具として潜在能力を強く見込まれるようになったのだが，当初は国によって反応は違っていたようだ。

1910年2月10日，フランス陸軍はベルサイユ近くのサトリで，初の重航空機であるライト複葉機を受領した。軍事航空の責任者だったローク将軍は，パイロット募集のキャンペーンを開始したが，砲兵隊3人，歩兵隊4人しか応募せず，騎兵隊は無視さえした。いかに航空機が軽視されていたかがわかる。フランスの

コーディのミシュランカップ航空機。この機体の設計者とパイロットが，滞空時間と飛行距離の双方で記録を樹立した。この航空機は実質的にイギリス陸軍機1号の改良型だった。

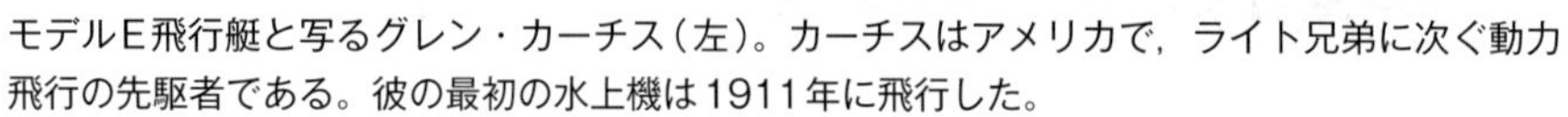
モデルE飛行艇と写るグレン・カーチス（左）。カーチスはアメリカで，ライト兄弟に次ぐ動力飛行の先駆者である。彼の最初の水上機は1911年に飛行した。

ら飛行訓練を開始。その基本任務は偵察だが，パイロットには潜水艦や機雷の哨戒，“浮かぶ基地からの発進”，そして艦載砲の目標指示（着弾観測）が求められた。

1912年4月13日，王立飛行軍団が創設され，王立技術航空大隊と海軍の航空組織を吸収し，1カ月後に新たな組織が正式に設置された。この王立飛行軍団には，軍事航空団，海軍航空団，中央飛行学校，予備役，そしてファーンボロの王立（旧陸軍）航空廠が含まれていた。軍事航空団（F・M・サイクス大尉指揮）は，司令部，航空機飛行隊7個，気球・凧飛行隊1個と航空兵站部，後方連絡線（のちにエアクラフト・パークに改称）各1個部隊で構成され，1912年5月13日に第1，第2，第3飛行隊が編成され，1912年9月に第4飛行隊，1923年8月に第5飛行隊，1914年1月に第6飛行隊，1914年5月に第5飛行隊が発足した。最初の4個飛行隊は，入手が可能だった各種の航空機を集めて組織された。

アメリカでは1913年3月5日，陸軍通信隊の航空部門がチャールズ・チャンドラー大尉の下で，テキサス州ガルベストン・ベイに第1航空中隊を設立する作戦命令1号を発令した。航空師団唯一のライト複葉機のほか，カーチスD，バーゲスH，マーチンＴＴ水上機が集められた。この編成時期にアメリカの航空開発は，当初ライト兄弟が先導していたものの，ヨーロッパほどには発展しな

アメリカ海軍の発注を受け製造されたカーチスA1は，その後の長きにわたるグレン・カーチス航空機の始まりとなった。この機体はメインフロートに格納式の車輪が付けられたことで，トライアドと名付けられた。

かった。それでも，1914年にメキシコ革命に介入し，海軍のカーチス水上機が観測飛行を行い，アメリカも航空機による戦闘を経験した。5月6日にはベラクルス近くのメキシコ陣地上空を飛んでいた航空機が，地上から小火器による銃撃で被弾した。

国家統一から30年しか経っていなかったドイツでは，20世紀の幕が開けると，海洋を支配するイギリスに対抗するため強力な艦隊の創設に重点を置いていたのを忘れてはならない。初期の10年間は主に外国製航空機をライセンス生産することに限られており，軍は航空分野にほとんど関心を示さなかった。ドイツ航空界に大きな影響を与えたアルバトロスやフォッカーのような企業が誕生するのは，1912年になってからだ。

しかし，硬式飛行船の開発では民間用と軍事用との双方でドイツは名を馳せていた。その先頭に立っていた男こそ，フェルディナント・アドルフ・ハインリヒ・アウグスト・フォン・ツェッペリン伯爵である。

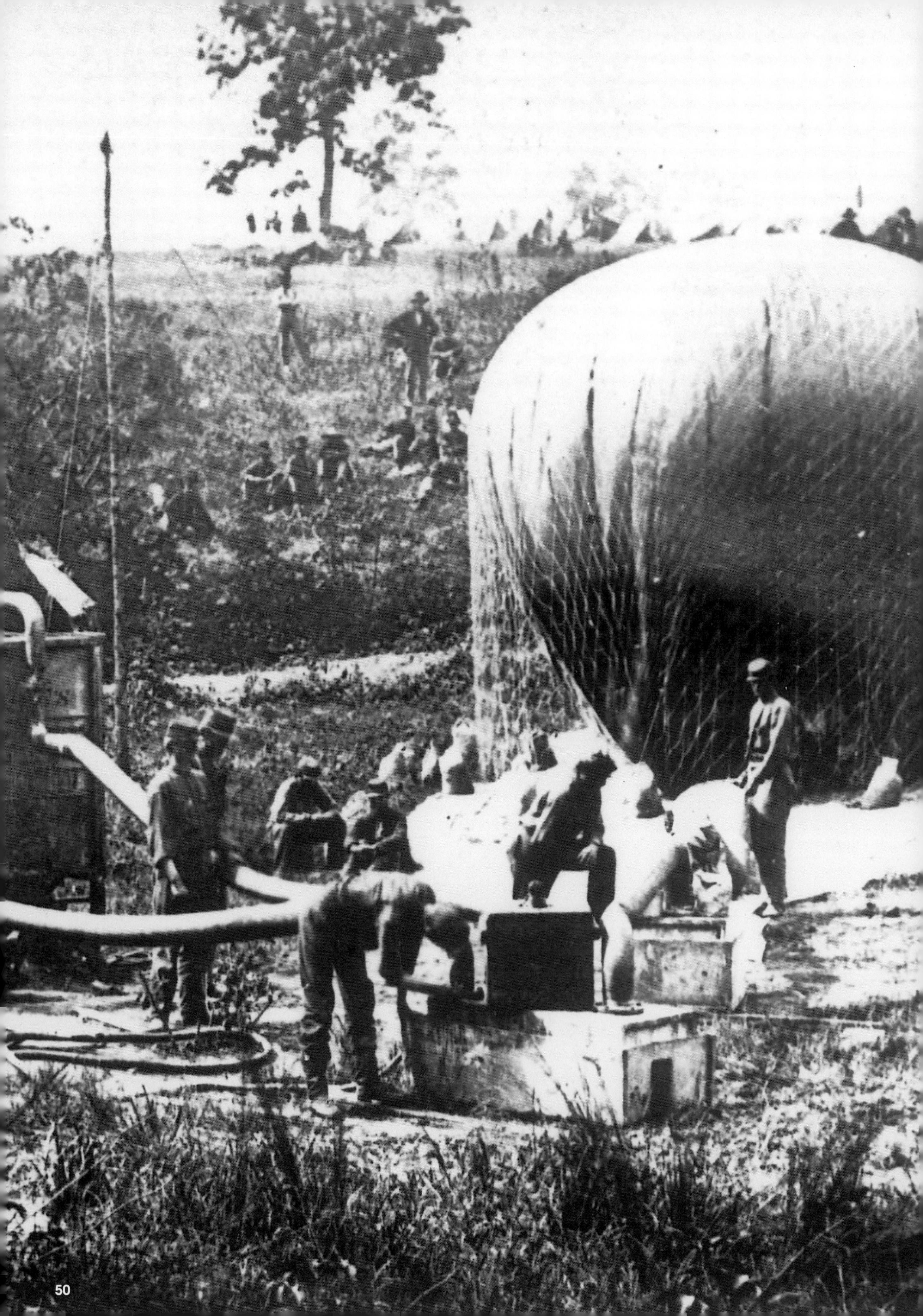

第3章 平時と戦時の飛行船

19世紀後半，富裕層の娯楽になっていた気球は，その一方でアメリカ南北戦争における観測任務に代表されるように，軍事目的にも有効であると実証された。飛行を楽しむ人は次第に増えていったが，それだけでは満足できなかったようだ。気球で飛ぶだけでは，空という新しい世界を本当に支配はできないと気付いたのである。元々気球は人を雲の高さまで持ち上げて，安全に地上に戻すだけの道具だった。その間の滞空は，風任せである。しかし，飛行家たちは気球を操る方法を考えた。自ら気球の向きを変えて針路を選べるようにして，現実に空の制覇へと動き始めたのである。

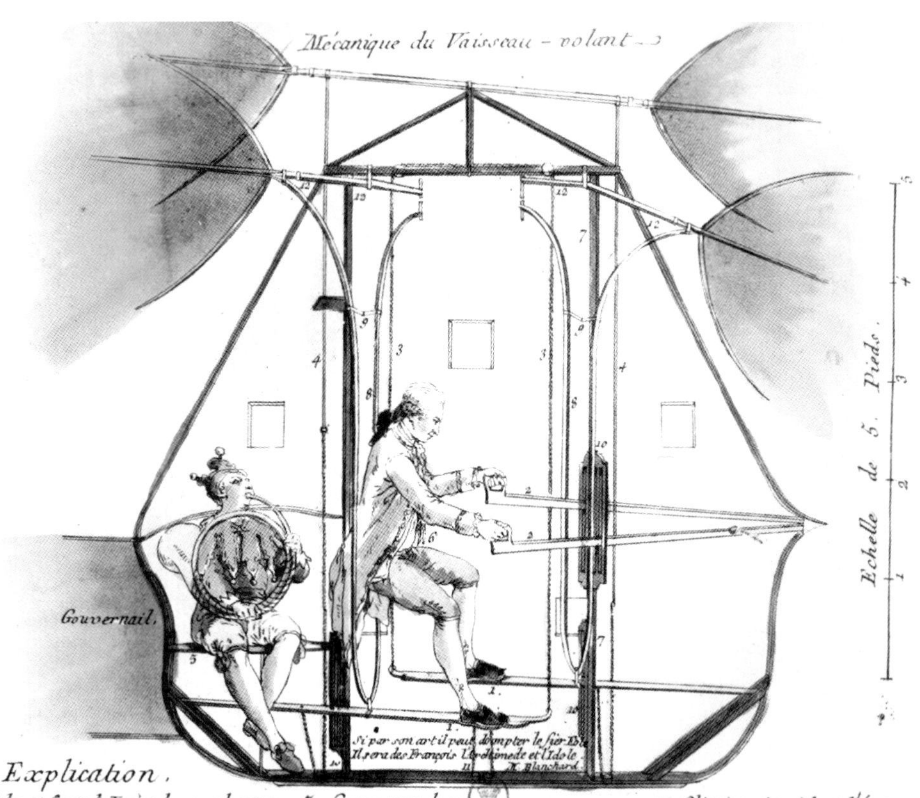

◀1862年のフェアオークスの戦いにおけるタデウス・ローの気球部隊。ローはアメリカの南北戦争を戦った重要な飛行家であり，1861年にポトマック軍（北軍の主力）の主任飛行士に任命されている。

▲気球の操縦を最初に試みたのはノルマンディ地方出身のフランス人，ジャン＝ピエール・ブランシャールで，この図にある羽ばたき翼を発明した。予想通り，ブランシャールの考えたシステムは，うまく機能しなかった。

最初に気球を操縦する試みは，ノルマンディ地方出身で31歳のフランス人，ジャン＝ピエール・ブランシャールによって1784年3月2日に行われた。ブランシャールは16歳までに“ベロシペード”という自転車の原型のようなものをつくり，のちに足こぎペダルとレバーを使う4枚の羽ばたき翼を取り付けたが，この機械を地上から浮かび上がらせることはできなかった。その後，水素気球で上昇し，続いて気球に自動車のような操縦装置を付けた。揚力の問題点を解消できれば，操縦に専念できると考えたのである。

機械式の翼が激しくバタつく中，ブランシャールはパリのシャン・ド・マルスを離陸した気球の向きを望む方に変えようと懸命に試みたが，失敗に終わる。彼はこの年さらに2度の挑戦をするが，いずれも成功は得られなかった。彼は落胆し，気球をイギリスに持ち帰った。

操縦できる気球

ブランシャールが考案した羽ばたき翼の仕組みはかなり独創的だったが，鳥の飛行を十分に研究したものとはいえず，科学知識の裏付けがなかった。一方で，若きフランス陸軍士官のジャン＝バティスト・ムーニエが取り組んだ試みは，あらゆる点で異なっていた。ブランシャールが見込みのない翼の研究に没頭している間，ムーニエは流線形の優雅な気

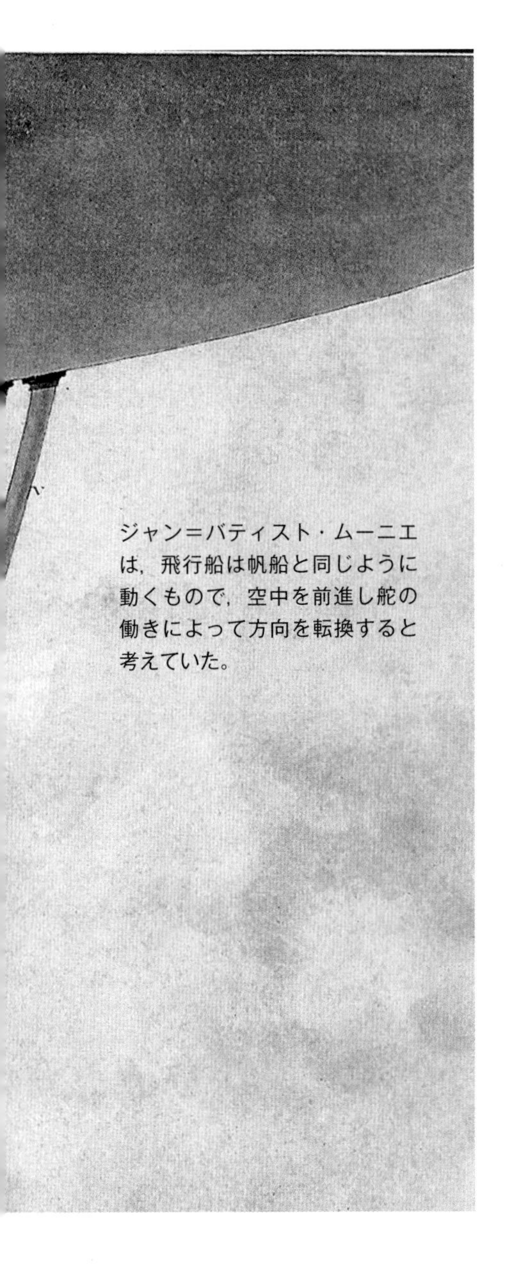

ジャン＝バティスト・ムーニエは，飛行船は帆船と同じように動くもので，空中を前進し舵の働きによって方向を転換すると考えていた。

チャールズ・グリーンは，当時の航空界をリードした人物の一人で，空気スクリューでいかに気球を動かすかを研究した。この手法が航空界に革命をもたらした。

模型飛行船の飛行を大きな関心をもって見ていた一人がアンリ・ジファールだ。1850年，パリの馬術競技場で披露されたピエール・ジュリアンが製作したゼンマイ仕掛けの模型に触発された。

囊(のう)を持ち，3枚のスクリューを手動で回して空中を推進する操縦可能な気球の設計を行っていたのである。

ムーニエは操縦可能な気球を一種の船に見立てていた。帆船が波を切り進むように，操縦者の意思通りに舵で方向を変え，空中を突き進むというものである。彼の“船”が飛ぶことはなかったが，後継者に“道”を示したのは間違いない。ムーニエのこの構想は，誘導飛行という夢が飛行船で実現する100年ほど前のことだ。その後，彼はフランス革命後に共和国軍の兵士となり，1793年にプロイセン軍とのマインツ包囲戦で負傷，その傷が原因で命を落としてしまい，それ以上，自分のアイデアを進展させることができなかった。

葉巻型飛行船

19世紀中頃，航空の世界に革命をもたらす最新技術を実証したのは，イギリスを代表する飛行家チャールズ・グリーンだ。科学者のチャールズ・B・マンスフィールドが1877年に出した著書『航空航法（*Aerial Navigation*）』で，この技術について次のように説明している。

「1840年にグリーン氏はロンドンの王立科学技術学院（現在のウェストミンスター大学）で，スプリング駆動式のスクリュー・プロペラを備えた小型の気球を展示し，本体をゆっくりした一定の速度で水平あるいは上下に動かしてみせた。気球は石炭ガス（水素約50％）で満たされてバランスを取っていた。それは，ゴンドラに十分な重石を乗せて，上昇も下降もしない状態を保っていた。その後，グリーン氏がスプリング機構のストッパーに触れると，ただちに急速な回転運動がファンに伝わり，天井まで上昇した気球は機械のゼンマイ仕掛けが切れるまで跳ね返り続けた。そして駆動装置が切れるとすぐに落下した」

その後の数年間に，ゼンマイ仕掛けのモーターを動力としたさまざまな形の飛行船模型が数多くつくられ成功を収めた。その中でも，ヴィルジュイフ（フランス）の時計職人だったピエール・ジュリアンが1850年に製作したものが最も優れていたといえるだろう。この細身で葉巻のような形の船体は，軽量ワイヤーによる骨組みで支えられていた。ゴンドラは，船体のかなり前方に取り付けられ，昇降舵と方向舵を有し，両舷にある二つのプロペラはゼンマイ仕掛けのモーターで回転した。この模型はパリの馬術競技場で披露され，多くの人々の関心を集めた。

それを見ていた一人がアンリ・ジファールだ。その後，彼は蒸気を動力とした実物大の飛行船を設計し始める。それは，水素を充填した直径12m，長さ40mの前後をすぼめて尖らせた船体をネットで覆い，長い木製の棒に取り付けたゴンドラを下に吊り下げたものだった。エンジンのスパークが船体を炎上させないための安全対策として，ゴンドラとの間隔を約12m離しており，重量が158kgのエンジンで3枚羽のプロペラを回転させ，総重量1.5tの飛行船を推進させた。

飛行船の最初の飛行は，パリの馬術競技場で1852年9月24日に行われた。飛行船はモーターの音を立てながら静かに上昇し，ゆっくりと街を離れていった。この飛行で平均速度8km/hを記録し，出発地点から27km離れたトラップに着陸した。こうして人類初の動力飛行が終わり，ジファールはその後も同じ飛行船で何度か飛行した。あるときは，パリ市街の上空で大きな円を描くように飛び，キャンバス地の三角型方向舵の有効性を実証した。しかし彼は，これがただの幸運に過ぎないとわかっていた。もし，中規模の風が吹いていれば，ジファールの蒸気エンジンには風に打ち勝てる推力はなかったのである。

不思議なのは，ジファールが成功させた蒸気動力の飛行を，真似たり改良したりする科学者，あるいは飛行家が続々と現れるということがなかったことだ。実際，操縦可能な気球（この当時“飛行船[airship]”という単語はまだなかった）に対する関心は，それから15年ほどの間，薄れていく。多くの模型がつくられ飛行もしたが，一部の実物大実験機とともにジファールのそれを上回るものは出なかった。

その後，普仏戦争が起こると，パリ包囲戦で気球が活躍し，航空分野の重要性が新たに認識されるようになった。1870年9月23日から1871年1月28日まで，計66機の気球が

1870年～1871年にプロイセン軍に包囲されたパリから乗客や郵便物を運搬するのに気球が使われた。これが史上初の空輸で，操縦の必要性を認識させた。

100人の旅客を乗せてパリを離れ，400羽の鳩と10tの郵便物を運んだ。史上初の気球によるパリ空輸は快挙だったが，仮にそれが操縦可能な気球だったら，それは事業としてはるかに大きな成功を収めていただろう。そこで，フランス政府のために

◀アンリ・ジファールは世界で初めて飛行船で成功を収め，1852年9月24日に最初の動力飛行を成し遂げた。推進装置は蒸気動力で，27kmの飛行を行った。

飛行可能な気球の製造を請け負ったのが，デュピュイ・ド・ロームという海洋技術者だった。ゴム引きの布でつくられた8人乗りの気球には，回転する大きな4枚羽のプロペラが装備されていた。この気球は1872年2月2日に15人を乗せて1度だけ飛行し，平均速度8km/hで短距離の低高度巡航飛行に成功したものの，針路をほとんど制御できず計画は頓挫した。

ガス・エンジン

普仏戦争で，“空”の活用に触発されたのがオーストリア人のパウル・ヘンラインで，操縦可能な動力付き気球の問題を真剣に考えていた。1860年，フランス人のエティエンヌ・ルノワールが内燃機関の前身となるガス・エンジンの特許を取得していた。原理はバルブで制御したガスと空気をシリンダーに入れ，電気スパークで点火して爆発させる。こ

フランス人のルノワールは1860年にガス・エンジンの特許を取得した。ガスと空気をシリンダーに送り込んで電気スパークにより爆発させる，初歩的なものであった。

のエンジンはかなり基本的なもので，最新の蒸気エンジンには対抗できないが，少なくともボイラーを必要としない点が注目された。ヘンラインはルノワールの研究に大きな関心を持って追いかけ，ガス・エンジンを使って，操縦可能な気球のプロペラを駆動する可能性を調べはじめた。

普仏戦争をきっかけに，ヘンラインは自分の理論を試すのに時間を無駄にできないと確信し，1872年に全長50m，容積2,400m^{3}の操縦可能な気球の設計を始めた。気嚢とガス・エンジンを搭載するゴンドラの間に隙間はほとんどなく，火災のリスクを負っていた。エンジンで1基のプロペラを駆動する，初期の操縦可能な気球とは異なり，ヘンラインの設計は空中で球体を押すのではなく，牽引式だった。モーターの燃料は球体から供給され，このため球体には水素ガスではなく石炭ガスが入れられた。球体にはネットが張り巡らされて，エンジンへの供給で内部のガスが減っても球体の形状が維持されるようになっていた。

この気球は，1872年12月13日にプラハで初めてテストされた。テストは係留飛行で，翌日には2度目が行われた。結果はどちらも失敗で，係留索を完全に伸ばした状態で速度は15km/hまで記録したものの，エンジン自体が非常に重く，使用するガスの種類の原因もあり，気球を持ち上げて自由飛行を行うのに十分な揚力が得られなかったのである。気球飛行に大きな進歩をもたらすと考えられたこの計画には，さらなる開発が必要だったが，資金不足のため作業は中断。ヘンラインは才能ある技術者だっただけに，残念な結末となった。

電力飛行

ガス・エンジンが効率的な動力源として開発されるのは，もう少し先のことだ。この間に，もう一つの可能性に関心が高まった。電気モーターである。1881年にアルベールとガストンのティサンディエ兄弟は，電力式の飛行船模型をパリで公開し，大きな話題を巻き起こした。影響力のある多くの人たちが，この小さな飛行船の能力に感銘を受け，実物大の飛行船をつくるための資金提供を申し出た。1883年に完成した飛行船は，全長28m，直径9m，開放式台車の後部に備え付けられたジーメンス社製の電気モーターで，パドル状のプロペラを回転させて推進する。兄弟二人による初飛行は1883年10月8日に行われ，オートゥイユからクロワシー＝シュル＝セーヌまでを1時間15分で飛行した。11月26日には2度目の飛行を行い，24kmを飛んでいる。

ティサンディエ兄弟による飛行船の性能は，それまでよりも優れてはいたが，電気モーターの推力重量比が乏しかったことから，十分に成功したとはいえなかった。ティサンディエ兄弟はさらに飛行試験を続けたが，他方で世界初の本格的な飛行船として，航空史に名を残すことになる船体の製造が進められていた。設計者はフランス陸軍の技術士官であるシャルル・ルナールとアーサー・クレブスの二人である。ラ・フランスと名付けられたこの飛行船は，容積1,867m^3，長さ52m近くあった。ルナールとクレブスは独自の電気モーターを設計し，動力源としたが，のちにより効率のよい推進装置に変更した。

1884年6月に完成した飛行船は，8月9日午後4時，二人の飛行家を乗せてシャレ=ムードンから離陸。ルナールが高度15mでモーターを始動させると，飛行船ラ・フランスはゆっくりと南に向かい始めた。クレブスが方向舵を試すと船体が方向を変える動きを示し，確かな手ごたえが感じられた。ショワジーからベルサイユに向かう道路が眼下に見えてくると，クレブスは針路を西に変えるため右旋回に入ろうとした。しかし，突如気が変わった彼はシャレ=ムードンの方角へ反転させ，船首を北風に向けたのである。飛行家として初めて向かい風に挑んだこの出来事は，飛行船が真に操縦可能になった証しだった。離陸してから23分後，再びシャレ=ムードンの真上に戻ると，彼らは慎重にラ・フランスを操作し，安全に着陸させた。全体の飛行距離は8km弱だった。

内燃エンジン

1885年，ルナールとクレブスが電気モーターの推力向上を試みていた頃，ドイツ人技術者のゴットリープ・ダイムラーが初期の4サイクルガス・モーターという石油による革命的な内燃エンジンの開発を終えようとしていた。このモーターはカール・ウェルフェルト博士が製作した飛行船に装備されて，何度か短時間

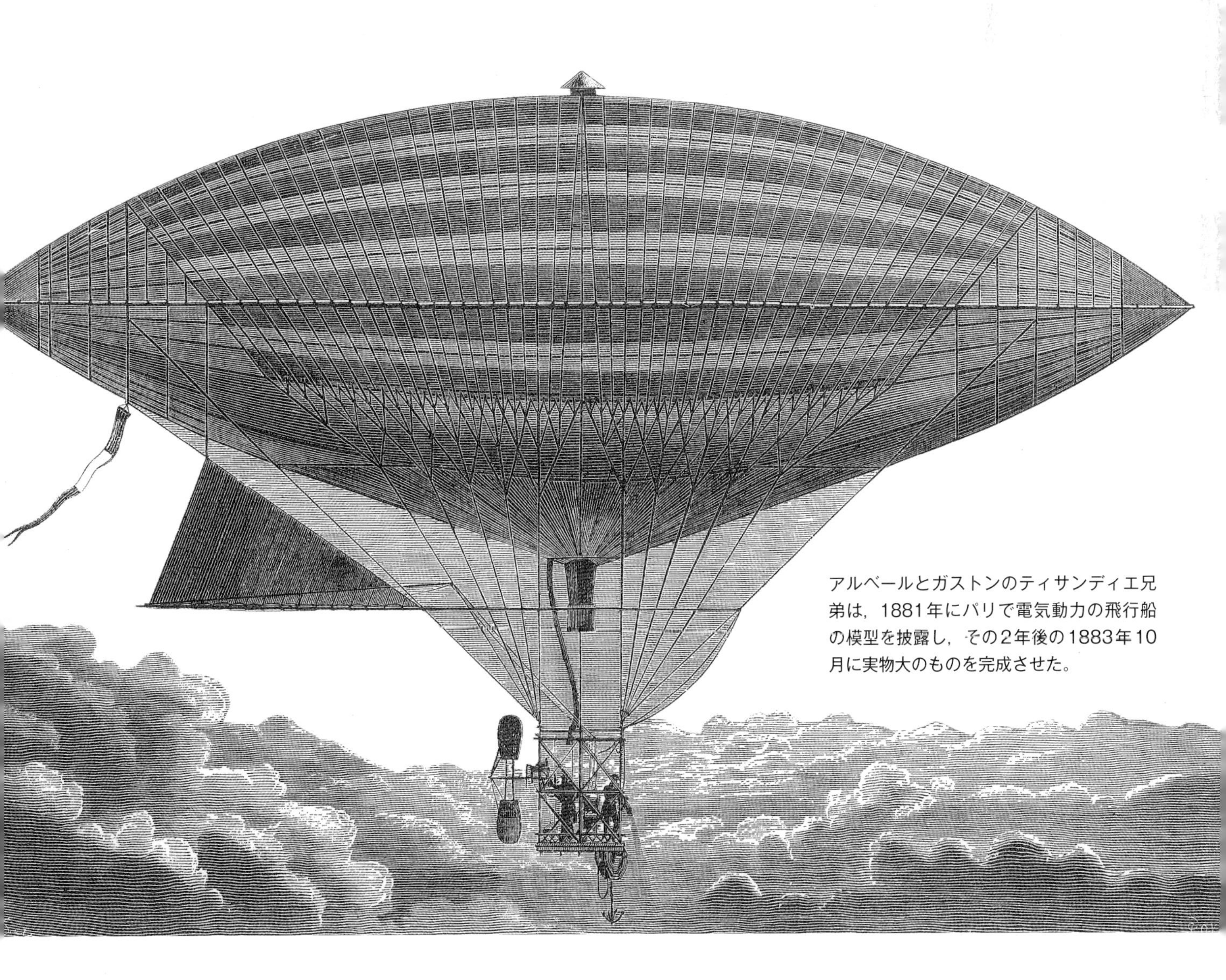

アルベールとガストンのティサンディエ兄弟は，1881年にパリで電気動力の飛行船の模型を披露し，その2年後の1883年10月に実物大のものを完成させた。

シャルル・ルナール（1847 ～ 1905）は，普仏戦争が終わるとすぐに飛行船の設計作業に着手した。このとき，彼はフランス陸軍の航空師団に所属していた。

アーサー・コンスタンチン・クレブス（1850 ～ 1935）は，飛行船の技術作業で有名だが，フランス初の潜水艦を設計し，また自動車の設計にも多くの改良を加えた。

の飛行を行ったが，ダイムラーはこのエンジンの用途を「馬のない馬車」に向けることとし，飛行船計画には関心を失った。これは，資金支援をダイムラーに頼り切っていたウェルフェルトにとっては大きな痛手だったが，改良型飛行船を製作するのに必要な資金をなんとか掻き集めることができた。1897年6月12日，彼は技術者のロベルト・クナーベとともにベルリンのテンペルホフから試験飛行を行った。しかし，高度9,200mで飛行船は爆発し，炎の塊となって木材置き場に落下，二人の飛行家は死亡した。

これらの実験がドイツで行われていた頃，フランスではモンゴルフィエ兄弟が初飛行を行って以来，先駆的な飛行士たちが航空界の中心的役割を担ってきたが，飛行船の開発は停滞していた。そこへ登場したのが，若きブラジル人のアルベルト・サントス＝デュモンだった。パリの航空界に加わった彼は，その優れた機械的能力と資金力で，19世紀後半の航空の発展に重要な役割を果たすのである。

デュモンにとって最初の飛行船は，単に「操縦船1号」（Dirigible No.1）と名付けられ，1898年9月18日に飛行した。続く2年間で3機の飛行船がつくられたが，いずれも前作に改良を加えたものだった。数々の事故を乗り越え，さらに11機の「操縦船」を建造したことで，彼の専門的知識が報われる。1901年10月19日，彼はパリ航空クラブの主要メンバーであるアンリ・ドゥッシュ・

シャルル・ルナールの電気動力飛行船は，1884年8月9日にシャレ＝ムードンの往復飛行を行った。これが，初めての操縦飛行であり，飛行距離は約8kmであった。

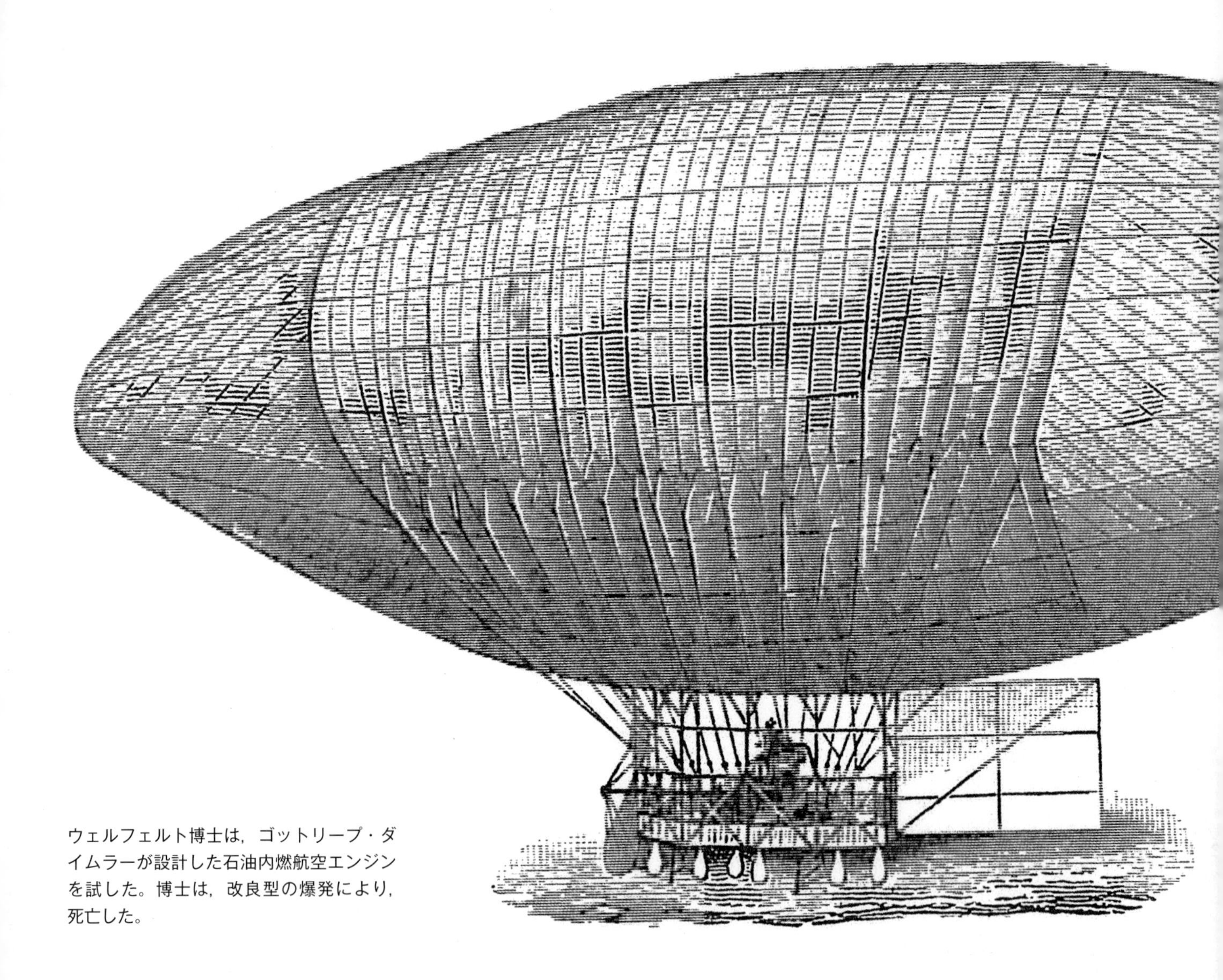
ウェルフェルト博士は，ゴットリープ・ダイムラーが設計した石油内燃航空エンジンを試した。博士は，改良型の爆発により，死亡した。

ド・ラ・ムルトが投じた30,000ポンドの賞金を獲得した（そのほとんどは慈善事業に寄付された）。これは，クラブの拠点があるサン・クローを出発点として，エッフェル塔を回って戻ってきたものに与えられる賞で，11kmの距離を30分以内で飛行すると定められていた。それをデュモンは29分半で達成したのである。

彼の飛行には冒険的なものもあった。たとえば，1902年2月13日にモナコ湾で行われた飛行は，操縦しながら初めて「胴体着水」するというものだった。また，1903年6月27日にはさらに喜ばしい「世界初」も達成した。「操縦船8号」に乗ったムール・ダコスタという婦人は，世界で初めて飛行船で飛行した女性となったのだ。そんな中，最も有名なデュモンの飛行船が「操縦船9号」で，容積はわずか218m^{3}しかなかった。デュモンは人々が馬車や自動車を使うのとまったく同様に，この小さな飛行船に乗ってカフェに立ち寄り，船を電柱や手すりに縛って係留し，店内で飲み物を楽しんだ。

発想の源

“パリが愛した小さな男”，サントス＝デュモンの偉業は，世紀の変わり目において多くの飛行家たちの発想の源となった。その中にいた，大きな製糖工場のオーナーだったポールとピエールのルボーディ兄弟は，主任技術者のアンリ・ジュリオに飛行船の製作を指示した。「ルボーディ1号」として知られるこの機体は1902年11月に完成し，全長57m，直径9.7m，容積2,547m^{3}だった。船体は，船の半分ほどもある長さの鋼管でつくられた床面に固定し，ゴンドラが取り付けられていた。ゴンドラの両脇に26kWのダイムラー・エンジンが搭載され，それぞれがプロ

▶アルベルト・サントス＝デュモンの飛行船1号は，1898年，パリ市の上空を初めて飛行して，歓喜を巻き起こした。その後の数年間で，このブラジル人は一連の飛行船を完成させた。

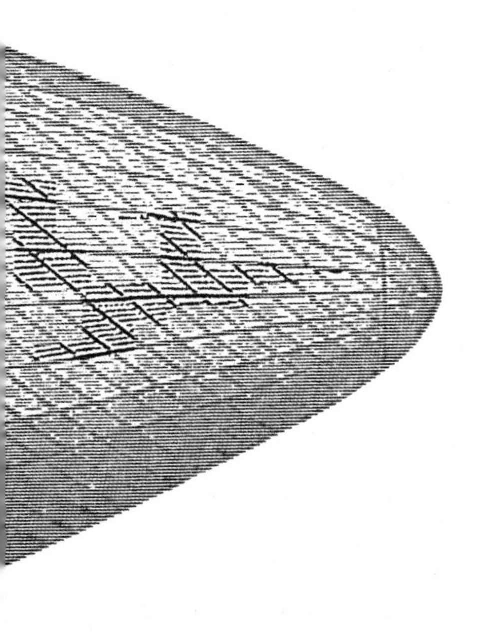

ペラを回した。

1902年11月13日から1903年7月の間に，飛行船はナント近くのモワソンから29回の飛行を行い，その過程でいくつかの距離記録を樹立した。緊急着陸で損傷を受けたため，ルボーディⅡへと再生され，その後も成功を収めた。その一つが，3時間21分に及ぶ滞空時間の達成だ。これは，1905年7月3日にモワソンからカップ・ド・シャロンに向かう最終段階で達成した。この日の飛行は全体で203kmの距離を6時間38分で飛行している。

その後，ルボーディⅡはフランス陸軍に買い上げられて，1909年半ばまで使われた。ルボーディ飛行船は多くの国で使われたが，これが最初の機体だった。しかし20世紀の幕が開けると，ヨーロッパの飛行船界におけるフランスの支配は揺らぎ，代わってある男の名前が彗星のごとく現れ，「飛行船（airship）」を語る上での象徴的存在となった。

フェルディナント・アドルフ・ハインリヒ・アウグスト・フォン・ツェッペリンは1838年7月8日，バーデン大公国（現在のドイツ南部）のコンスタンツで，フレデリック・ツェッペリン伯爵とフランス生

1903年にフランスのナントの建物屋上から見たルボーディ 1号。29回の飛行を行っていくつもの飛行距離記録を樹立した。緊急着陸で損傷を負ったが，ルボーディⅡとして再生され，成功を重ねた。

まれの妻アマリーとの間に生まれた。1857年，19歳のときにツェッペリンはドイツ陸軍に入隊し，長きにわたる軍歴を歩み始めた。1870年にアメリカを訪問した際に，初めて軍用気球で空に上った。

ツェッペリンが本格的に飛行船開発を始めたのは1874年である。ドイツの郵政大臣が書いた「世界の郵便と飛行船旅行」と題された論文を読んだのがきっかけだった。10年後，フランスでルナールとクレブスが初飛行を行ったことで，ツェッペリンは危機感を抱いた。彼は飛行船が持つ兵器としての潜在力に気付くのが遅かったのではなく，“航空巡洋艦”としての開発競争にドイツが取り残されてしまうのではないかと危惧していたのである。

中将に昇進したツェッペリンは大きな影響力を持つようになり，ドイツ最高の技術者の一人という評判も得ていた。彼の目標はドイツに航空の足音を響かせ，高みに押し上げること。しかし，彼が所属する陸軍における軍務にとって，航空は二の次の存在でしかなかったのである。これが，ツェッペリンが 今日“航空の先駆者”と呼ばれることが少ないことの一因になっているのかもしれない。

◀1901年にサントス＝デュモンは，サン・クローを出発してエッフェル塔の周りを飛び，出発点に戻るという飛行で，賞金を獲得した。彼の機体は，スポーツ飛行を思い起こさせるものだ。

硬式飛行船

1889年にツェッペリンは，ドイツ陸軍省に強い口調で，陸軍はプロシア人に支配されつつあるという抗議の手紙を送り，状況は一変した。退職に追い込まれた彼は，このとき52歳。彼の関心はすべて飛行船の設計に向かい，1893年には技術者のテオドール・コーバーと共同で，

コンスタンス湖の上を飛ぶLZ.1。フェルディナント・フォン・ツェッペリンが最初に手掛けた飛行船である。最初の非係留硬式飛行船で，1900年7月2日に5人の乗客を乗せて初飛行した。

若き日のフェルディナント・フォン・ツェッペリン。軍人としては中将にまで昇進し，ドイツ最高の技術者の一人という評判も獲得した。

陸軍省に対して科学調査用の硬式飛行船の設計案を提出した。全長117m，直径11mで，ダイムラー・エンジン2基を動力とした。飛行船からは，貨物や乗客を乗せる客車のようなものが関節式リンクで曳航されており，空飛ぶ列車を連想させた。

しかし，科学委員会が調査を行うと，設計と性能予測に大きな欠陥があり，公金を投入するにはリスクが大きいと指摘された。ツェッペリンはこれに臆することなく，2番目の飛行船の設計を行うとともに，この事業に財産のほぼすべてをつぎ込み，製造会社を自ら興すことにした。足りない資金は，ドイツ技術者協会が提供した。こうして会社設立から1年足らずのうちに，LZ.1（ツェッペリン飛行船1号）の製作が始まり，ボーデン湖があるフリードリヒスハーフェン近くのマンツェルで徐々にその形を現していった。

1900年にLZ.1は完成し，7月2日

ツェッペリンLZ.4を調査するフランス軍兵士。この飛行船はスイスのチューリッヒへの飛行など，いくつかの注目すべき飛行を行った。1908年8月5日の嵐で，死者は出さなかったものの，破壊されてしまった。

に初飛行した。その後，2回の飛行でLZ.1は不安定で失敗作であることがわかり解体された。1905年，ツェッペリンは次のLZ.2を建造するために，さらに資金を集めた。全長126m，直径11.13m，容積10,400m^{3}のLZ.2は，前作とほぼ同じだったが，2基のエンジンはLZ.1の12kWモーターから各63kWへ大幅に改良された。

だが残念なことに，このエンジンが問題を起こした。1905年11月30日の初飛行でエンジンに不具合が発生し，ボーデン湖の近くに着陸することになり，そこから曳航されて安全を確保した。しかし，1906年1月17日に行われた2回目の飛行では，エンジンの故障によって基地から32kmの地点に不時着してしまった。その夜は激しい嵐に襲われ，飛行船は完全に破壊されてしまったのである。

国も国民も，ツェッペリンの狂気の計画に，これ以上資金を提供する気をなくしたが，彼は残りの財産を掻き集め，信頼する友人たちからも資金を借りて，最小限の遅れで3番目の飛行船の製作を始めることができた。このLZ.3も寸法は前作の2機とほぼ同じで，LZ.2と同じく63kWのエンジンを装備した。驚くほど早く完成したLZ.3は，1906年10月9日に初飛行を行った。

滞空記録

この飛行は伯爵にとって吉と出

た。LZ.3は，2時間で96kmを飛行して，難なく基地に帰還。翌月にも何度か飛行に成功し，1907年9月には8時間も空中に留まり飛行船の滞空時間新記録を樹立したのである。

ついに，ツェッペリンの設計が評価されることになった。当局も彼の作業に関心を抱き，ツェッペリンにはさらなる活動費用として50万マルクが与えられた。彼はそれを，より大型で優れた飛行船の格納庫建設につぎ込み，4号機となるLZ.4の製作に着手した。この飛行船は直径がLZ.3と同じだが，全長は136mとより長くなっていた。船体中央に乗客用の小さな客室キャビンがあり，底に2基の78kWエンジンが付けられていた。LZ.4は1908年6月20日に初飛行し，8月4日に24時間という新記録に向けて準備が行われていたが，係留中に嵐に見舞われてしまう。しかし，幸いにも乗員は下船しており無事だった。

ツェッペリンは，残った飛行船LZ.3の再生に集中した。1908年10月に完成し，Z.1として陸軍に渡されたのち，訓練用飛行船として使用された。Z.1が軍の試験を終えようとしていた1909年5月26日，ツェッペリンの最新飛行船LZ.5が初飛行し，5月29日にはベルリンまで飛行している。この飛行は悪天候に悩まされて引き返す結果となったが，37

ツェッペリンL.2（LZ.18）はドイツ海軍向けに製作された。ドイツ海軍飛行船部が使用し，一連のツェッペリン飛行船の先駆者となった。1913年10月10日の高度試験の際に爆発を起こし，27人が命を落とした。

コンスタンス湖上の浮きドックに入るLZ.3。この飛行船は，ツェッペリン初の真の成功作で，1908年までに45回の飛行を行った。のちに軍に徴用されて，Z.1に名称が変えられた。

時間40分，970kmという記録的な耐久飛行を達成した。

1909年11月16日，フランクフルトでドイツ飛行船輸送会社（DELAG）が設立された。その10日後に世界初の民間飛行船LZ.7が発注され，1910年5月に完成，最初の乗員訓練が始められた。6月22日に「ドイッチェラント」と名付けられたこの飛行船は，32人を乗せてデュッセルドルフへの2時間30分の飛行に成功した。しかし6回目の飛行で再び“ツェッペリンのジンクス”が襲ってエンジンが故障，トイトブルクの森に墜落し，船体は大破した。幸い

軍事演習中のツェッペリンLZ.5。手前にライフル銃とキットバッグが置かれているのに注目。LZ.5は，民間輸送用としての実用性も備えていた。

死者は出なかった。その後継機であるLZ.8ドイッチェラントIIは，1911年5月に地上作業中に事故に見舞われてしまい，再建は一からやり直さねばならなかった。

次の民間飛行船シュワーベンは，1911年7月15日に完成。その5日後には，DELAGの飛行運用監督であるフーゴー・エッケナーを乗せて，フリードリヒスハーフェンからルツェルンに飛行した。それからの11カ月間に，シュワーベンは218回の飛行を行って1,553人の乗客を運んだ。この飛行船の経歴は，1912年6月28日に終わりを迎える。この日，激しい嵐の数分前にデュッセルドルフに到着して乗客を降ろしたあと，繰り返し吹き付ける強風で火災が発生してしまったのである。船体は完全に破壊されたが，不幸中の幸いというべきか，死傷者はいなかった。

航路のネットワーク

こうした中，ほかの飛行船もDELAGで運航を開始していた。1912年2月14日に初飛行したビクトリア・ルイス（LZ.11）は，その日から1913年10月31日までの間に384回，838時間の飛行を記録し，8,135人の乗客を輸送した。以来，DELAGの路線網は広がり続けて，ハンブルクのフールズビュッテルやポツダムへの運航を開始。さらに2機，ザクセンとハンザが追加され，エッケナーはフールズビュッテルからウィーンへの往復飛行で船長を務めた。1914年8月時点で，DELAGの飛行船は全体で172,543kmを飛行し，1,588回の飛行で10,197人の乗客を乗せている。乗客の多くは，夏の間の旅行客であった。通常の乗客は20人程度で，往復2時間ほどの飛行の間に豪華な食事を楽しんだ。

こうしたパイオニアの時代，ツェッペリンは硬式飛行船の作業を続けた。ライバルは存在しなかった。

ツェッペリンLZ.7は，1920年，トイトブルグの森の上空で事故を起こし，修理不能の損傷を受けた。原因はエンジンの故障で，死者は出なかった。LZ.7の6回目の飛行であった。

多くの飛行船がほかの会社でも製造されていたが，それらは軟式か半硬式だった。そんな中，ツェッペリンの硬式飛行船に強力な対抗馬が登場した。マンハイム・ライナウのシュッテ・ランツである。1911年10月17日，その最初の飛行船SL.1が飛行した。

SL.1の船体はアルミニウムの代わりに，重ね合わせた合板の大梁（おおばり）でつくられており，それぞれを菱形のパターンで組み合わせていた。全長は128m，2基の合計推力403kWエンジンにより最大時速61km/hを出すことができた。続くシュッテ・ランツの飛行船SL.2は，マイバッハ・エンジン4基を動力とした。当時としては極めて最先端を行くもので，美しい流線形の船体に簡素な十字尾翼が付けられていた。操舵室は完全に覆われていて，むき出しのツェッペリン飛行船とは好対照だった。ツェッペリンが，パイロットが顔で風を感じられてこそ飛行船を的確に着陸させられる，という理論を放棄するまでに長い時間がかかった。

それでもシュッテ・ランツの飛行船が建造されたのは数隻にとどまる。ランツの会社は1914年8月にドイツ政府に接収され，ツェッペリンの組織に吸収された。そして飛行船は，戦争に投入されることになった。

商業飛行で1,000回の飛行を最初に達成したのは，LZ.11ビクトリア・ルイーゼである。第一次世界大戦の勃発でドイツ軍の所有となり，1915年に係留中の事故で失われた。

1913年1月にポツダムで撮影されたLZ.13ハンザ。世界で初めて国際線の旅客輸送を行った飛行船だ。
1912年9月12日にはハンブルクからデンマークのコペンハーゲン，スウェーデンのマルモに飛行している。

第4章
鷲たちの戦闘：第一次世界大戦下の航空

1914年8月にドイツ帝国航空部隊が航空機246機，パイロット254人，観測員271人で発足した。6機の航空機からなる野戦飛行分隊33個，4機からなる要塞飛行分隊8個で構成され，前者は陸軍が作戦指揮を直卒し，陸軍軍団の各司令部に1個飛行分隊が所属していた。後者はドイツの国境周辺前線にある街を防護するのが任務であった。航空機のほぼ半数は，戦前にアルバトロス，ゴータ，ランプラー，DFWなど，複数の工場で数多くつくられていたエトリッヒ・タウベ（鳩）型である。武装のないタウベ単葉機の最大速度は96km/hだった。そのほか，AEG B.Ⅱ，アルバトロスB.Ⅱ，アビアティックB.ⅠおよびB.Ⅱ，DFW B.Ⅰなどの複葉機があった。

フランス軍の航空師団は132機を保有し，さらに予備機として150機があった。予備機の大部分はサン＝シールに集められていた。第一線の航空機は24個の飛行隊に分けられて，1個飛行隊当たり平均6機を装備したが，実際の機数は部隊によってまちまちだった。24個飛行隊のうち五つにモーリス・ファルマン，四つにアンリ・ファルマン，二つにボワザン，一つにコードロン，一つにブレゲー，七つにブレリオ，二つにドペルデュッサン，一つにREP，一つにニューポールが配備されていた。すべての飛行隊に偵察任務が課せられ，西部戦線のフランス陸軍と戦った。

イギリスの王立飛行軍団（RFC）は，少なくとも書類上では180機を保有し全機が運用中となっていたが，その多くは旧式な練習機で，実際に飛べたのは84機に過ぎなかった。敵対活動が始まった頃は，ブレリオXI，アンリ・ファルマン，モーリス・ファルマン，王立航空工廠B.E.2および2a，ソッピース・タブロイド，アブロ504，B.E.8といった機種混合の5個飛行隊がRFCに編成されていた。イギリス海軍航空隊は71機を保有し，うち31機は水上機だった。陸上機も各機種混合だったが，水上機はショート兄弟が主要な供給元となり，17機が就役していた。これら

◀フランス領内に着陸して台座に置かれたエトリッヒ・タウベ（鳩）を調査するフランスの民間人。ドイツはこの機種を多数保有していた。

▶1916年初めまでドイツが偵察に使用していた，アビアティックB.I。

「何でも屋」だったアブロ504は，練習機から夜間戦闘まで，各種の用途に使用された。第一次世界大戦後も長く現役で使用された。これはカナダでの改良型であるアブロ 504Q水上機。

の機体はイギリス東部の海岸やスコットランドの各航空基地に配置され，できるだけ遠くまで飛行して沿岸警備をカバーした。

空中無線通信の登場

1914年8月，ほかの主な交戦国はロシアとオーストリアだったが，いずれも航空機の装備という点では貧弱だった。ロシアの帝国航空部は航空機24機，飛行船12機，観測気球24機を有するのみで，航空機のほとんどはフランス製だった。当時ロシアで完成した機体は，イゴール・シコルスキーが設計したイリヤ・ムーロメツがあった。これは1914年初めに飛行した世界初の4発爆撃機で，大戦勃発時に航空部が10機を発注し，のちに80機に増やしている。

オーストリア航空部は航空機36機，飛行船1機，気球10機を保有していた。航空機はほとんどがタウベだった。オーストリアの航空産業は小規模で，イタリアの参戦で戦火が急速に拡大した1915年夏まで，ほとんど発展しなかった。

すべての交戦国における航空部隊にとって最も重要な任務は偵察で，無線電信と航空写真という新しい技術が活用された。空中での無線電信を初めて実用的に活用したのはイギリス陸軍だった。1912年の軍事演習で王立工兵隊が実施し，非硬式飛行船ガンマ号とデルタ号が最大56kmの距離で送受信した。海軍航空団（のちの海軍航空隊（RNAS））も無線通信を研究しており，戦争が始まるまでに16機の水上機に沿岸基地との通信用としてフランス製の軽量な通信機が搭載されていた。

この時点での無線通信は，一方通行で空中から地上に送るだけだった。航空機で受信することが難しかったためだが，問題点を克服するまでには時間を要した。初期の空中無線電信機はかさばる上に信頼性に欠け，第一次世界大戦の最初の数カ月は，観測機は基本的な通信手段として手旗や板，その他の視覚に頼る合図が主な手段となっていたのである。

先駆的な作業

無線通信の先駆的な作業はRFCの第3飛行隊が行い，航空写真の開拓者にもなった。資金不足のためカメラは将校の自腹で，失敗を繰り返しながら成功の道を探り，ついにワイト島とソレントをカバーした一連の写真を撮影した。カメラはベローズのある蛇腹式で，板に乗せて積んだ。空中での取り扱いは特に寒い日が厄介で，結果は芳しくなかった。1914年秋にW・G・H・サーモンド少佐がフランスの写真組織を研究し，より先進的なレポートがあるのを見つけて，J・T・C・ムーア=ブラバゾン中尉とC・D・M・キャンベル中尉，F・C・V・ロウズ曹長，W・D・コース航空技師とともに実験写真部を設立した。この4人は，新しい効果的な航空カメラの設計に着手し，4カ月足らずで任務を達成した。

その間，1915年1月に最初の写真偵察が成功した。ラ・バッセー運河の南に積み重ねたレンガを撮影したのである。この写真がドイツ軍の新しい塹壕だと判明し，1月6日の連合軍による攻撃の成功に大きく寄与した。そのときから今日まで，航空写真はあらゆる戦線の活動で重要な地位を占めている。その重要性から，偵察機には護衛戦闘機が付けられるようになり，それが結果的に戦闘機の発展に広がっていった。

一方，航空機にどうやって武装させるかという問題は，当初から機関銃なのは明らかだった。それを現実化するには，いくつかの問題を解決しなければならなかった。まず，機関銃が装備できるのは，現用の頑丈な機体に限られた。また，射撃照準にも多くの課題があった。つまり，パイロットや観測員は面積の大きい翼とそれに付随する支柱や多くのワイヤーに囲まれ，前方あるいは後方には大型でもろい木製のプロペラが回転していたため，どんな機銃でも射撃は困難だった。

そんな中，RFCとRNASは12kgのアメリカ製ルイス機関銃を観測機の標準兵器として導入した。特に推進式の機体では，パイロットの前にいる観測員には，上下方向と両側面に広い射界があった。初期の機関銃

初飛行する世界初の4発爆撃機，シコルスキー・イリヤ・ムーロメツ。滞空時間5時間という世界記録をつくっている。

航空写真は第一次世界大戦で重要な役割を果たした。RFCの専任部隊では，フランスの写真技術の研究が行われて，それを改良していった。

は，観測員に合わせて取り付けるのが通常だった。フランスはルイス機関銃に似た空冷でベルト給弾式のホッチキスを選んだ。しかし，ベルト給弾式は明らかに柔軟性が欠けており，ドラム給弾式を用いるようになった。ドイツは水冷式のマキシムを改造した軽量のパラベルムMG14を選択し，やはりドラム弾倉式を使用した。

1914年10月5日にジョセフ・フランツ中尉（パイロット）とクノー伍長（観測員）が乗ったVB24飛行隊のボワゾン複葉機がホッチキス機関銃を装備し，フランスのランス近郊の上空でドイツのアビアティク複座機を撃墜した。アビアティクにはウィルヘルム・シュリシティング（パイロット）とフリッツ・フォン・ザンゲン大尉（観測員）が乗っていた。クノーは47発の銃弾を浴びせ，アビアティクは炎を上げて墜落し，二人は死亡した。これが史上初の航空機の撃墜だった。その数週間前の8月25日には，RFC第2飛行隊所属の3機のB.E.2が敵の複座機1機を強制着陸させている。イギリス側のパイロットの一人はH・D・ハーベイ=ケリー中尉で，観測員とともに近くに着陸して敵の搭乗員を近くの森に追い込み，ドイツ機を銃撃して再び離陸した。

大戦最初の年に連合軍で最も広く

劇場コメディアンにちなんで「ハリー・テイト」の愛称が付けられた王立航空工廠R.E.8。前任のB.E.2シリーズよりも，わずかに優れていただけで，強力な護衛戦闘機をつけて運用する必要があった。

使われた機種の一つがブレリオXIで，フランス軍航空部の少なくとも8個飛行隊と，フランス駐留のRFC 6個飛行隊が装備していた。

また，この機種はベルギー軍航空隊でも使われた。ブレリオの重要な任務は偵察だったが，一部は手投げ弾やフレチェット弾（金属製の矢のような形状をした銃弾）を胴体脇のコクピット乗降口から投げ落とす，“迷惑”爆撃機としても使われた。フレチェット弾は先端をとがらせた長さ13cm程度の鋼管製の矢で，約500発を収納したコンテナからばらまかれた。投下する最適高度は1,500mで，地上に達するとライフルの銃弾並みの速度になった。これは敵部隊の集結地に有効と考えられたが，実際にはほとんど使い物にならず，航空機の兵器は機関銃と拳銃が主流となった。

1914年8月14日の注目すべき活動は，フランス軍航空部のセサリ中尉とプリュドゥモ伍長のブレリオXIが，メッツ＝フレスイカティにあるドイツの飛行船格納庫を爆撃したことである。同様の任務は8月18日にも行われ，フランス軍パイロットが敵の航空機と飛行船3機を地上で破壊したと主張しているが，確認はされていない。第一次世界大戦でRFCが初めて偵察活動に使ったのは，やはりブレリオで第3飛行隊のジュベール・ダ・フルト大尉が8月19日にベルギーのモブージュから飛行した。

初歩的な爆弾

第一次世界大戦の開戦当初から航空機は爆撃に用いられたが，敵対する両陣営にあった爆弾は非常に初歩的なものだった。ドイツの爆弾はカーボナイト・タイプと呼ばれ，最も軽いのが4.5kg，最も重いものは50kgだった。先端がとがった洋ナシ型で，安定板ではなくプロペラを備えており，逆さにした薄いキャップで安定を保った。また，ドイツは手榴弾形も使用したが，小型のため効果はなかった。

火炎爆弾

イギリス海軍航空隊（RNAS）がマーテン・ヘール爆弾を使用して行った，ドイツ帝国海軍のツェッペリン格納庫への空襲は，戦略爆撃の先駆けともいわれている。この爆弾はアマトールとTNTに硝酸アンモニウム2kgを詰めた9kgで，命中と同時に火炎を起こした。フィンの後方にプロペラ形の信管があり，落下中に回転する。RNASはウールウイッチの王立兵器廠がつくった45kgの爆弾を装備したが，安全基準には達しておらず，使用する者にとっても危険だった。軽量のケース

構造的には頑健で，大きな搭載能力を有していたが，ボワゾンのタイプ8と10は，最大速度は遅かった。代表的な用途は，アメリカ航空部での練習機であった。

に9Lのガソリンを入れ，爆弾が落下するとカートリッジが爆発して発火する火災爆弾も試された。これらの初歩的な爆弾は，フレチェット弾とともにイギリス王立陸軍航空隊（RFC）で使用された。

フランス軍航空部が使用した初期の爆弾は，75mmあるいは155mmの砲弾の弾体を使用したものだった。重量が9kgの75mm砲弾は対人兵器として効果的で，通常は高度2,000mから投下された。1915年にフランスはドイツ領内の目標に対して大規模な爆撃を行うため，よく練られた戦術を展開した。常に指揮官機（目印として後方支柱の中央に長旗を掲げた）を最初に離陸させ，任務中は編隊を率いた。編隊が会合して一列になると，ただちに目標を捉えて一連の信号弾を発射して針路を設定し，最適な巡航速度で目標に向かう。ほかの機体もそれに続き，できるだけ接近する。目標上空では風上から爆撃を行い，対地速度を上げて防御エリアでは滞在時間を極力短くしていた。通常は個々の航空機が異なる高度で爆撃を行い，対空火器からの被害を抑えた。

目標地域への到達の遅れが最小限で済む以外に，風上から爆撃に入るには理由があった。当時は横風で爆撃するときの角度を計算する機械がなく，爆撃照準も初歩的だった。RFCとRNASが使用した中央飛行学校の照準器がその典型だった。アメリカ人のライリー・スコット中尉が考案した初期の照準用装置をもとに，中央飛行学校実験飛行班のR・B・ボウディルトン中尉とL・A・ストレンジ中尉が開発したものだ。CFS4B爆撃照準器と呼ばれたこの機械は，パイロットや観測員がストップウォッチを使い，一つの目標を二つの照準器で対地速度を測定できるようにする計測器が備わっていた。これは，相対的に移動する前方の目標に対応して，二つの照準間の時間間隔をストップウォッチにより秒単位で計測すれば，正しい爆弾の投下角度が得られるというものだ。

ブレリオXIは1914年の連合軍で最も幅広く使われた機種の一つである。観測や爆撃のほかに，RFCは最初の偵察飛行も実施した。

最初の爆弾の投下は，極めて原始的であった。目的に応じた爆弾もつくられはしたが，初期の多くのものは砲弾に安定用のフィンを付けただけのものであった。

ロラン・ギャロスと，プロペラの回転の中を撃つ機関銃。プロペラ・ブレードの金属製の縁に弾が当たって弾き返される，危険な兵器であった。

一歩前進

1915年にフランスで，航空機に取り付けた機関銃を，回転するプロペラの間を通して前方に射撃できる装置が開発され，空中戦技術の発展の大きな一歩となった。装置は極めて簡単で（むしろ危険でさえあったが），三角形の鋼のくさびでできていた。プロペラ・ブレードの近くに装着されており，当たった銃弾はすべて偏向した。この装置は戦前から飛行家のパイオニアとして有名な，フランスのロラン・ギャロスが実際にテストした。彼は戦争中に6機を撃墜したが，その後エンジン・トラブルで緊急着陸し，捕虜となった。

ギャロスとともに捕獲されたモラーン・ソルニエは調査のため，ただちにドイツのベルリンに運ばれた。調査に集められた技術者の中に，1913年からドイツで航空機を設計していた若いオランダ人技術者のアンソニー・フォッカーがいた。連合国がすぐに数百機もの前方発射式機関銃を装備することを恐れたドイツ高等司令部は，フォッカーにわずか48時間以内でプロペラ回転面を抜けて射撃できる同様の方法を設計するよう指示した。

フォッカーは，ギャロスの方法は初歩的で危険だと気付いた。銃弾が反射板に当たるとプロペラの回転を妨げ，エンジンの取り付け架台ごと振動してしまう。フォッカーは機関銃に歯車を付けて，プロペラの回転と同調させて射撃すると銃弾がブレードの間を抜けていくと考えた。それでプロペラに小さなノブを付け，回転ごとにカムを叩いて，カムに取り付けられたワイヤーを撃鉄につなげた。フォッカーがこの装置を試験すると予想通りに機能し，いくつかの改良を加えて参謀の前で披露した。彼らは感銘を受け，フォッカーに投資を約束し前線での試験を命じた。

この装置は試験の初期段階で大きな衝撃を与え，1915年夏にフォッカー E.I単葉機にスパンダウ機関銃1丁とプロペラ回転面を抜けて射撃できる装置が導入された。これはまだ連合軍には悟られていなかった。連合国の前方射撃は，低速で推進型の機種に限られていた。数週間以内にドイツ帝国航空部は改良型のフォッカーE.Ⅲを就役させ始め，その後の1年間，連合軍は苦しめられることになった。

今やドイツの戦闘機パイロットは，切り札を手に入れていた。高高度を巡航し，相手を見つけたら弾帯を機関銃に給弾し（イギリスやフランスのドラム式給弾とは異なる），喜び勇んで目標を選び，降下して攻撃を仕掛けた。ドイツ軍機の方がより多く銃弾を搭載しており，射撃時間も長かった。とりわけB.E.2はフォッカーの餌食になった。B.E.2は死角になる胴体下側からの攻撃に脆弱で，フルパワーで急上昇すると簡単に餌食となった。B.E.2の観測員がフォッカーの上昇に気付けば反撃もできたが，たいていはタイミングが遅すぎた。

ドイツの撃墜王

1915年秋にドイツではマックス・インメルマンとオズワルド・ベルケが撃墜王になった。彼らはその年の終わりまで，着実に撃墜数を増やしていった。「撃墜王」という言葉は，フランスで戦闘機パイロットの「腕前」を指す言葉として生まれたが，ドイツではより広い意味で使われる

第一次世界大戦勃発時，RFCの中心的な観測機であったB.E.2c。操縦は容易で，非常に安定していたが，その安定性があだとなり，敵戦闘機から逃れる機動性は持ち合わせていなかった。

戦争初期の英雄
フォッカーE.Ⅲ

E.Ⅲは，フォッカーEシリーズの決定版である。1912年にイギリスがアンソニー・フォッカーの航空機の提案を退けたため，彼はその代わりにドイツに提案した。

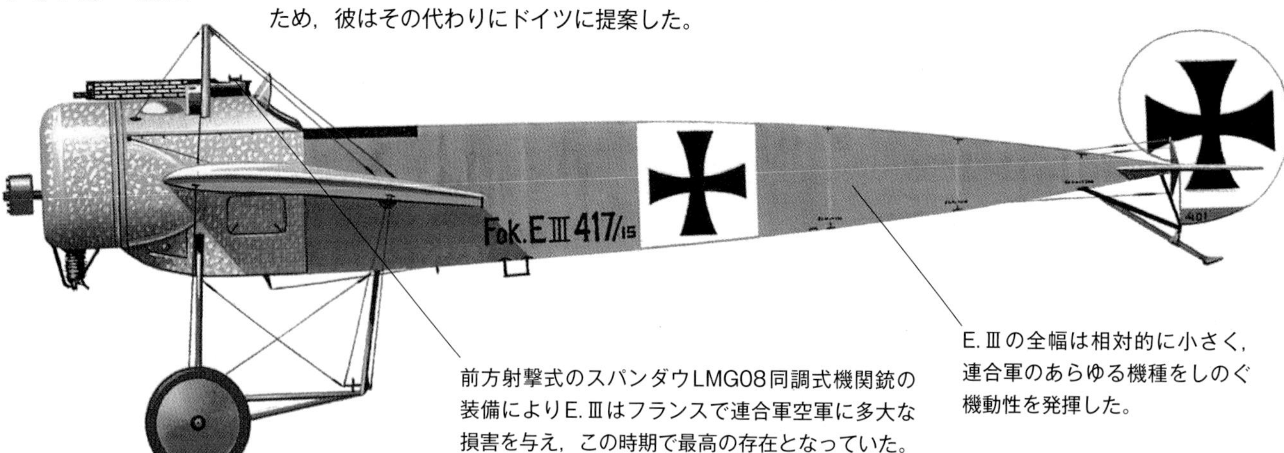

前方射撃式のスパンダウLMG08同調式機関銃の装備によりE.Ⅲはフランスで連合軍空軍に多大な損害を与え，この時期で最高の存在となっていた。

E.Ⅲの全幅は相対的に小さく，連合軍のあらゆる機種をしのぐ機動性を発揮した。

ようになった。一方でRFCはそのような考え方を認めなかったが，イギリスの優秀なパイロットたちは必然的にその名を知られることになった。

オズワルド・ベルケは当時のドイツ空軍で先頭を切る戦闘機パイロットで，1915年7月6日から1916年10月26日まで，公式に40機を撃墜している。そのうち31機は複座機だった。ベルケは味方のパイロット，アーウィン・ボーム中尉との空中衝突で死亡した。ボームはその後，1917年11月29日にRFC第10飛行隊のジョン・A・パッテルン大尉に撃墜されるまで，24機を撃墜して撃墜王の一人になっていた。

戦争初期のドイツにおける撃墜王のうち，もう一人のマックス・インメルマンは13機を撃墜したが，1916年6月18日にやや不可解な状況で墜落死した。一説によると彼は第25飛行隊のF.E.2bの観測員であるJ・H・ウォーラー伍長に撃墜されたとされているが，別の説ではフォッカーの同期装置が正常に作動せず，彼が自分のプロペラを撃ち落としたためエンジンが外れて機体全体が崩壊したとされている。

一連の「フォッカーの祟り」から1915年末にRFCは，戦術の見直しを強いられることになった。戦いでは多くの編隊が試され，さまざまな成果を出した。典型的な編成は，偵察機を先頭に，150m上空の左右と後方300m上空に護衛戦闘機の計4機で飛行するものだった。しかし，そのためには陸軍との協同などほかの任務から，航空機を引き抜かなけ

フォッカーE.Ⅲ

タイプ：単座の戦闘索敵機
推進装置：75kWのオーベルウーゼル1基
　19気筒空冷回転式エンジン
最大速度：134km/h
滞空時間：2時間45分
実用上昇限度：3,500m
空虚重量：500kg；積載時重量：635kg
武装：前方射撃式7.92mm LMG08/15機関銃
寸法：全幅9.52m
　全長7.3m
　全高3.12m
　主翼面積16.05m^2

F.E.2bは，ドイツの航空機よりも若干低速だったものの，機動性でフォッカーの単葉機に対抗できる機種であった。1913年に完成したが，最初の機体の発注は，その１年後のことだった。

フォッカーと戦うエアコD.H.2

エアコD.H.2は，ほかの連合軍航空機と比べ，フォッカー単葉機との戦闘で，ある程度の成功を収めた。この機種は1916年初めに，L・G・ホーカー少佐（ビクトリア十字章）が指揮するフランス駐留の第24飛行隊に配備された。

脆弱そうに見えるが，鋼管による尾部ブームは複雑な関節を有して，強くかつ柔軟であった。

上下の翼に付けられた補助翼で，航空機に狙いを定めることが可能になった。あくまでも，機関銃の照準ではない。

パイロットが戦闘中に，操縦をしながら脇にあるルイス機関銃と格闘するのは，それだけでも大変で，さらに弾薬ドラムの重い47発の重い銃弾交換もしなければならなかった。

ればならなかった。1916年に入り，連合軍が相次いで大攻勢をかけてくると，この点が非常に不利となり，航空機はさらに貴重な資源となっていった。

絶え間ない巡回

現実的な解決策は，少なくともフォッカーと互角に渡り合える航空機を前線の上空で絶え間なく巡回させ，ドイツ軍機が現れたら戦うというものだった。イギリスにとって悲劇だったのは，1913年からF.E.2を保有していたが，王立航空工廠に最初の12機が発注されたのは1年後で，最初に生産された数機がフランスに到着したのは1915年5月だった，というのが現実だった。F.E.2は89kWのベアードモア・エンジンを搭載する推進式の航空機で，コクピットの前方にルイス機関銃を1丁備え，上方射界用として主翼中央部に望遠鏡付きの2丁目があった。F.E.2bはフォッカーE.Ⅲよりもわずかに低速だが運動性は互角だった。

RFCでF.E.2bを最初に完備した飛行隊は第20飛行隊で，1916年1月にフランスに到着した。続いて2月に第24飛行隊が，エアコD.H.2を装備した部隊になった。D.H.2は75kWモノスパプ・エンジンを搭載する単発の推進式航空機で，コクピットの左側にあるポボット式架台にルイス機関銃1丁を装備した。ジェフリー・デ・ハビランドが設計した，頑丈で運動性に優れたD.H.2は，連合軍のあらゆる機種の中でフォッカーに対して最も成功を収めた戦闘機となった。

第24飛行隊はのちにビクトリア十字章を受章するL・G・ホーカー

エアコD.H.2

タイプ：単座の護衛複葉戦闘機
推進装置：75kWのノーム・モノスパプ回転式ピストン・エンジン，後期には82kWのル・ローヌ回転式エンジン1基
最大速度：150km/h
滞空時間：2時間45分
実用上昇限度：1,300m
空虚重量：428kg；最大離陸重量：645kg
武装：自由架台に付けた前方射撃式7.7mmルイス機関銃1丁
寸法：全幅8.61m
全長7.68m
全高2.91m
主翼面積23.13㎡

マンフレッド・フォン・リヒトホーフェン男爵（右）と弟のロタール・フォン・リヒトホーフェン。マンフレッド・フォン・リヒトホーフェンは，1918年4月21日に死亡するまでに80機を撃墜した。第一次世界大戦のトップ撃墜王である。

ニューポール11は，優れた性能を持ち，パイロットたちに絶大な人気を誇った。連合軍の多くの撃墜王が，この小さな戦闘機で撃墜を稼いでいった。

少佐が指揮を執り，瞬く間に連合軍で最高の部隊の一つになった。1916年4月2日に初の撃墜を記録してから，1916年まで順調に撃墜数を増やしていった。1916年6月には，部隊のパイロットが敵機を17機破壊し，7月に23機，8月に15機，9月に15機，そして11月に10機と，撃墜数を加えている。1916年11月23日には，ホーカー少佐がバポーム上空で35分に及ぶ激闘の末，新進気鋭のドイツ軍パイロットに撃墜された。不運にも，そのパイロットが放った1発が頭をかすめたことで意識を失い，制御不能で墜落したのだ。そのドイツ軍パイロットの名前はマンフレッド・フォン・リヒトホーフェン。のちにリヒトホーフェンはホーカーとの戦いが，彼の傑出した軍歴で最も苦しい戦いだったと認めている。この1発の銃弾がなければ，「レッド・バロン（赤い男爵）」の伝説は生まれなかった。

フォッカーの脅威

1916年夏頃には，両軍の航空部隊に新型戦闘機がお目見えした。この年の春にはF.E.2bとD.H.2，そし

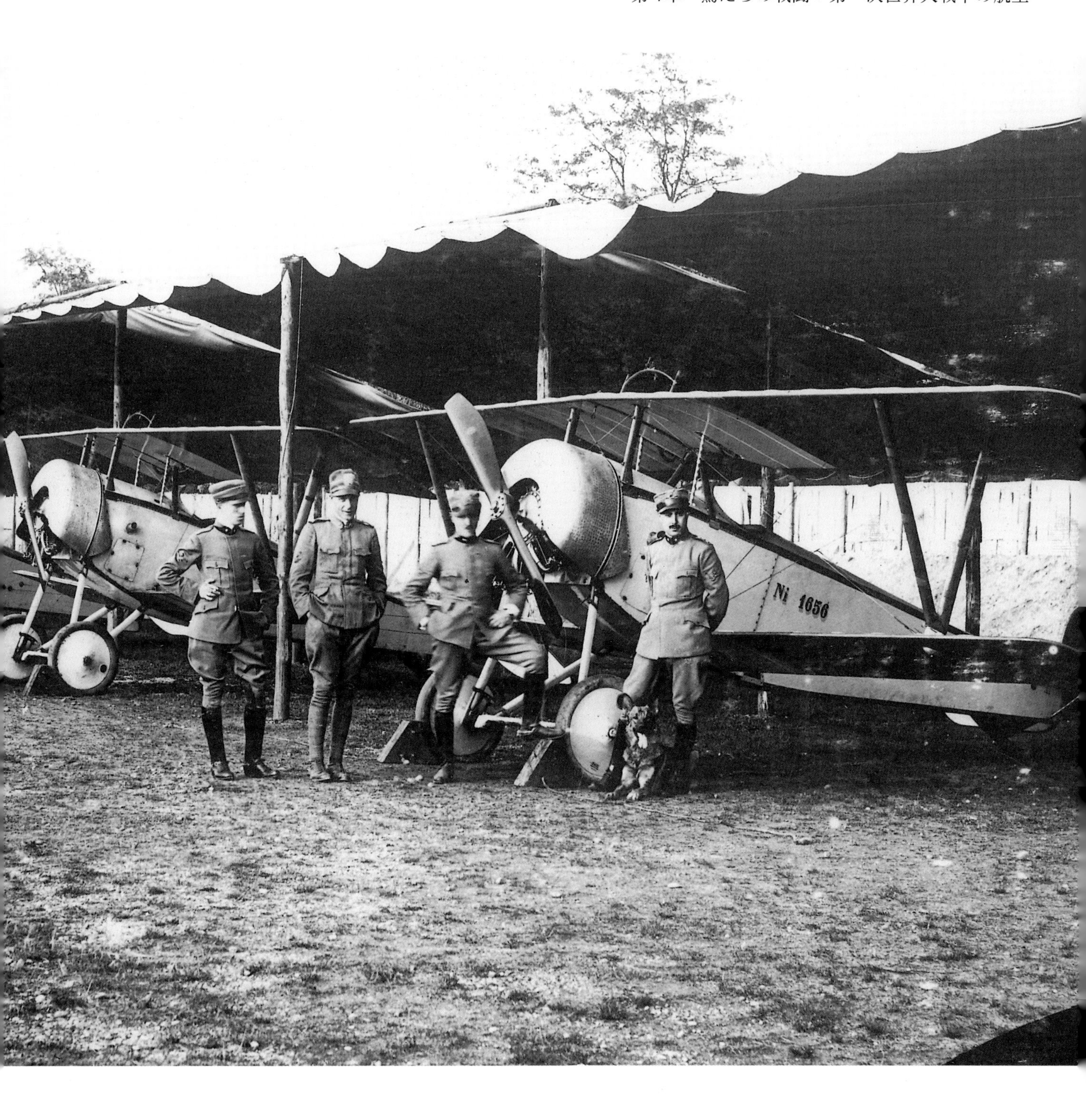

てニューポール11単座複葉戦闘機がフォッカーの脅威に打ち勝つ任務を分け合い，イギリスとフランスで初期の撃墜王が誕生した。これは主翼の上に機関銃を付けて，プロペラ回転面の上を越える射撃方式だった。ニューポールの上昇率は良かったが，最大速度は154km/hと物足りなかった。また激しい機動を行うと，構造に損傷を起こした。

1916年夏になると，連合軍の飛行隊はフォッカーに対抗できる機種を保有し始めた。ドイツ軍は119kWのメルセデス・エンジンと7.92mmのスパンダウ機関銃2丁を備えたアルバトロスD.Iで再び航空優勢の獲得を目指し，1916年9月には前線に投入した。この機種は性能を損なうことなく2丁の機関銃を装備したドイツ最初の戦闘機で，フォッカーよりは運動性に劣ったが，より高速で優れた上昇率を有し，火力も強力だった。1916年には改良型のアルバトロスD.Ⅱも前線に就役した。

1916年夏，ソンムの戦いが幕を開け，激しい空中戦が行われた。RFCの全27個飛行隊が保有する421機と，4個凧・気球飛行隊の気球14機が，陸軍部隊のさまざまな戦闘支援に投入された。観測任務の多くはB.E.2cが行い，F.E.2bとD.H.2が，困難で危険な任務である護衛を行った。

プロペラの回転面を通して射撃できる機能を持ったイギリス初の実用戦闘機が，ソッピース1/2ストラッターである。複座機で後部座席にも機関銃を装備していた。

軍用機は主要な戦力となり，ファイヨル将軍の第6陸軍を支援するため，ニューポール偵察機を装備した6機編成の飛行隊が構成された。連合国は新型機による制空権の確立に成功したが，ドイツ軍最高司令部はこれに対抗するため，最も活動的な前線地域に配備されるヤークシュタッフェルン（略してヤスタス，戦闘機部隊）の編成を命じた。平均して14機の戦闘機を装備したヤークシュタッフェルンは，ドイツの優秀な戦術家オズワルド・ベルケの発案による。1916年8月末までに7個飛行隊が運用されていたが，9月には15個，同年末には33個に増えた。当初ヤークシュタッフェルンはフォッカーE.Ⅲ単葉機を装備していたが，1916年後半にはアルバトロスD.IsとD.Ⅲ，ハルバーシュタットD.Ⅱになった。

航空攻勢

ベルケの第2戦闘飛行隊は，片手で数えられるほどの戦力でドイツ軍の航空攻勢を再構築し，10月の第1週にはさらに多くの部隊が前線に到着した。ドイツ軍は9月，主にイギリス軍だが，連合軍の航空機123機をソンム上空で撃破した。この間にドイツ軍の喪失はわずかに27機で，10月には12機の喪失に対して88機を破壊している。

ソンムで空中戦が繰り広げられている中，RFCとRNASのパイロットはツェッペリン飛行船の夜間強襲に対応するという，まったく異なる戦いを行っていた。ドイツ海軍の飛行船師団は1915年1月19日に，L.3，L.4，L.6の飛行船3機をノルドホル

ソッピース1/2ストラッターは，プロペラ回転面を通して機関銃射撃できる機能を備えた，イギリス最初の実用戦闘機である。この独特な機種名は，主翼支柱の配置に由来している。

アルバトロスD.Ⅲは1917年初めに前線部隊で就役し，同年4月には全盛期を迎えた。RFCのB.E.2c観測機を主体に，連合軍の航空機に大きな損害を与えた。

ツとフールズビュッテルから飛び立たせ，イギリス本土の攻撃に成功した。L.6はエンジン・トラブルで引き返したが，ほかの2機はノーフォーク海岸を通過した。L.3はグレート・ヤーマス地域に爆弾9発を投下し，死者2名と負傷者3名ほかの被害を出した。L.4はキングス・リンを含むノーフォークの複数の目標に7発を投下し，死者2名と13名の負傷者を出した。この襲撃にRFCは，初めて夜間の防空出撃を実施したが，発進した2機のヴィッカースF.B.5はいずれも迎撃に失敗した。この襲撃の結果，ロンドン周辺にあったRFCの一部飛行場では，夜間攻撃に備える体制が組まれた。RNASはすでに防空態勢を敷いており，グリムスビーとロンドン間にドイツ北部から飛来する飛行船を，そしてロンドンとダンジネス間にはベルギーの基地から飛来する飛行船を迎撃する防空網を構築した。

ドイツの飛行船によるイギリス襲撃はプロパガンダ色が強く，ツェッペリン飛行船の作戦として最も記憶に残っている。しかし，戦争全体を通じて，海軍飛行船師団の基本任務は偵察だった。仮にドイツ海軍が全飛行船を最大限に活用していたら，もっと多くの成果があっただろう。100時間の滞空で4,800kmを飛行できる飛行船は，潜水艦と一緒に偵察に使われた場合，北大西洋を航行する連合軍の護送船団に混乱を与えた可能性がある。ツェッペリン飛行船のイギリス本土で行った戦術は，うまく風を捉えられる高度まで上昇し，海岸線を横切ることであり，好天の月明かりか闇夜に活動が限られていた。飛行船が目標地域に近づくとエンジンを停止するので，探照灯を照射しない限り地上からは発見できなかった。

ツェッペリン飛行船は無敵ではなかった。1915年6月7日，ドイツ陸軍のツェッペリンLZ.37は，R・A・J・ウォーンフォード少尉が操縦するRNAS第1飛行隊のモラーン・パラソルの攻撃を受けた。この飛行船はLZ.38，LZ.39とともにダンケルクを出発し，フランスのブルージュを経てロンドンに爆弾を投下しようとしていた。ウォーンフォードはLZ.37をベルギーのオーステンデからヘントまで追跡し，防御の重火器に抑え込まれながらも，1度の通過で飛行船の上から6発の9kg爆弾を投下した。飛行船は爆発し炎となって修道院に墜落し，巻き添えで二人

製作中の飛行船を捉えたこの写真からは，格子組のツェッペリン飛行船の複雑な構造がよくわかる。

の尼と二人の子供が死んだ。ウォーンフォードにはビクトリア十字章が授与されたが，数日後に墜落で命を落とした。

終戦までに115機のツェッペリン飛行船がつくられ，うち22機が耐用年数を終えて破棄された。9機は終戦後に連合国に引き渡された。7機は乗員による破壊工作で壊れ，17機が航空機や対空火器で撃ち落とされた。19機は空中や着陸時に損傷した。7機は中立国に着陸し，8機は航空攻撃により地上の格納庫で破壊された。26機が事故で失われ，乗員のほぼ40％に当たる約380人が戦闘で死亡した。

海軍飛行船の乗員が受けた苦難と犠牲は，少なくとも戦争初期に陸軍飛行船部隊が経験したものに比べて影が薄かった。彼らが行った任務の多くは自殺行為であり，飛行船は水素を充填した気嚢が小銃の攻撃に非常に弱いにもかかわらず，敵軍の密集地帯を低空で飛行していた。ドイツ陸軍はシュッテ・ランツ飛行船を東部戦線で多用した。一方，ドイツ海軍は，合板構造の脆弱性と性能の低さからこの飛行船を軽蔑していた。

巨人爆撃機

1917年は爆撃機の開発が主流になった。帝政ロシアは交戦国で最初に重爆撃機の可能性を認識し，巨大なイリヤ・ムーロメツ・シリーズをつくった。8丁の機銃を防御火器として装備した4発のイリヤ・ムーロメツは，1917年の10月革命まで，450回の任務で，65tの爆弾を投下し，喪失はわずか3機だった。

次に重爆撃機を導入したのはイタリアで，1917年に3発のカプロニCa33を標準装備にしていた。3時間半の滞空能力を持ち，450kgの爆弾が搭載できた。この航空機はトリエステの都市と港を含む，アドリア海沿岸の目標に対して多くの戦略爆撃を行った。1917年11月初め，イタリア軍がカポレットで敗北したのを受け

フリードリヒスハーフェンG.Ⅲa爆撃機。初期のG.Ⅲとの違いは尾部で，単垂直尾翼から複合尾翼に変わった。写真は捕獲された機体で，尾翼面と胴体側面にフランスのマーキングが施されている。

極めて多用途性に富んだエアコD.H.4は，第一次世界大戦のモスキートともいわれる。のちのデ・ハビランドの同名機と同様に，さまざまな戦闘任務で成功を収めた。

て，オーストリア軍がカプロニの主要拠点であるポルデノーネを制圧したため，戦略爆撃は事実上停止した。

1917年にフランスは，イギリスのエアコD.H.4にほぼ匹敵する優れたブレゲー14中型爆撃機の量産化に努力を注いだ。またイギリスは効果的な重爆撃機をフランスで戦力化するために，1916年にハンドレページO/100を，翌年に改良型のO/400を配備した。戦時下だったこともあり，この2機種はほぼ日常的に敵の目標に向かった。O/100は夜間攻撃に切り替えられて，高性能のO/400はより危険度の高い昼間爆撃を主体にした。

1917年にドイツは多くの重爆撃機を保有し，中でもゴータG.ⅣとG.V，そしてフリードリヒスハーフェンG.Ⅲが強力だった。1917年夏にはゴータG.Vが加わり，イギリスの補給所やダンケルクの陣地に対する夜間爆撃を行い，大きな損害を与えた。しかし，ゴータの実績は序の口で，この年の終わりにはさらに強力な4発重爆撃機，ツェッペリン・シュターケンR.Ⅳが加わった。1917年から1918年にかけてのイギリス南部への空襲は，住民に心理的な恐怖を植えつけた。それ以上にイギリスの防空を手玉に取り，成功を続けるツェッペリン飛行船を止めるには，イギリスは戦術をほぼ完全に見直さなければならなくなった。

その間，西部戦線では激しい戦いが続いていた。「血まみれの4月」と歴史に残ることになった1917年4月の第一週は，RFCは，戦闘で75機を失った。ドイツの戦闘飛行隊は航空機と戦術に勝り，一方RFCの新人パイロットはわずか17時間の飛行訓練だけで戦いに駆り出されていた。「血まみれの4月」でフランスに駐留するRFCのパイロットは，平均生存期間が，2カ月にまで落ち込んでいた。

4月初旬の激しい空戦は，4月9日に始まったアラスの戦いに先立って行われた。月末までにRFCとRNASは150機以上，フランスとベルギーは200機を失った。ドイツ軍は戦線全体で370機を失ったが，そのうち260機はイギリス軍の管轄内であった。

新たな局面

1917年に登場し始めた新型の航空機は，空の戦いに新たな局面を持ち込んだ。最初の戦闘機ブリストルF.2Aは，1916年9月19日に初飛行した。複座のブリストルF.2Aは，1917年春の連合軍による攻勢で実戦デビューした。142kWのロールスロイス・ファルコン・エンジンを装備した50機がつくられ，1917年3月にはフランスのRFC第48飛行隊に到着した。そして，搭乗員が適切な戦術を開発する間もなく，急いで戦闘に駆り出された。当初は，それまでの複座と同様に，観測員が全周を見張り機関銃を基本の兵装としたが，損失は大きかった。一方で単座戦闘機として攻撃する場合は，多大な戦果を収め，その素晴らしさを実証した。

F.2Aの後継機として登場したF.2Bは，ファルコン・エンジンの推力が増大し，主翼の幅が広げられた。F.2Bは，尾翼，下翼中央部の改良，フロントコクピットからの眺めの改善など，さまざまな改良が施されている。F.2Bは西部戦線の六つのRFC飛行隊に装備され，また，イギリスに4個，イタリアに1個が配

ブレゲー Bre.14 A2

タイプ：複座の複葉偵察／軽爆撃機
推進装置：224kWのルノー 12Fe直列ピストン・エンジン1基
最大速度：184km/h
滞空時間：3時間
実用上昇限度：6,000m
空虚重量：1,030kg；最大離陸重量：1,565kg
武装：固定式前方射撃用7.7mm 2連ルイス機関銃；主翼下ラックに爆弾最大40kg
寸法：全幅14.36m
全長8.87m
全高3.3m
主翼面積47.50m^2

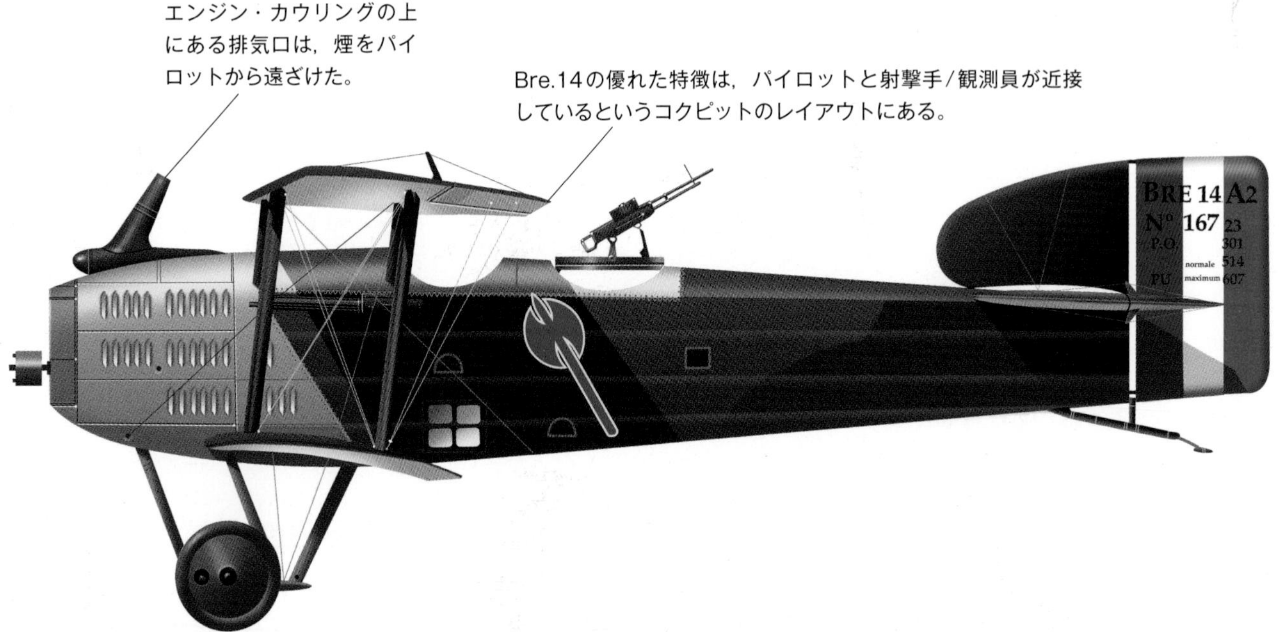

第一次世界大戦のフランス爆撃機
ブレゲー Bre.14 A2

Bre.14は疑いなく，第一次世界大戦最高の爆撃機であった。フランスはこの爆撃機により見事な戦術を確立し，ドイツ西部の目標攻撃に編隊を送り込んだ。

ブリストルF2B戦闘機は，単座機のように積極的に飛行すれば優れた戦闘機であった。ドイツ人パイロットは当初，ブリストルを軽蔑していたが，すぐにその考えを改めざるを得なかった。

備された。

ブリストル戦闘機の登場とほぼ同時期に，王立航空工廠S.E.5が就役した。1917年春のことで，フランス製のニューポートやスパッドに比べると運動性は悪かったが，より高速で上昇率も優れ，最新のドイツ戦闘機と渡り合える能力があった。

1917年6月，S.E.5は149kWのイスパノ・スイザ製エンジンを装備した。エンジンの不足から引き渡しには時間がかかったが，受領した部隊のパイロットは，その飛行特性や物理的な頑丈さと飛行性能に十分満足した。S.E.5aは第一次世界大戦のスピットファイアといってよいほどの尊敬を受けて間違いないだろう。終戦時にイギリス空軍にはまだ2,700機ほどのS.E.5aが残っていた。この航空機はイギリスの24個飛行隊のほか，アメリカの2個飛行隊，オーストリアの1個飛行隊で就役していた。

艦上運用

1917年の戦いに参戦したイギリス軍の戦闘機で，最も有名なのはソッピース・キャメルだろう。1917年7月に西部戦線のRFC第4飛行隊とRFC第70飛行隊に初めて配備されたソッピース・キャメルは，いくつか制御しにくい傾向はあったが，熟練したパイロットの手にかかれば優れた戦闘機となり，1918年11月までに多くの飛行隊が少なくとも3,000機の敵機を撃破したと主張していた。キャメルの総生産数は5,490機に上り，その多くが海外の航空隊で活躍した。

初期生産型のキャメルF.1は，97kWのクレルジェ9Bあるいは112kWのベントレーBR.1回転式エンジンを動力としたが，その後は82kWのクレルジェカル・ローヌ9Jになった。外国でも使用されたキャメルF.1は，多くの本土防空飛行隊が装備した。夜間戦闘機型は上翼の中央部にルイス機関銃を2丁装備した。最終

巨大爆撃機ゴータ
ゴータG.Ⅳ

第一次世界大戦のゴータの爆撃機，特にゴータG.Ⅳ（イラスト）とG.Ⅴは，戦争の末期にロンドンとイングランド南部を攻撃したことから，ドイツ軍航空機で最もよく知られる存在になった。

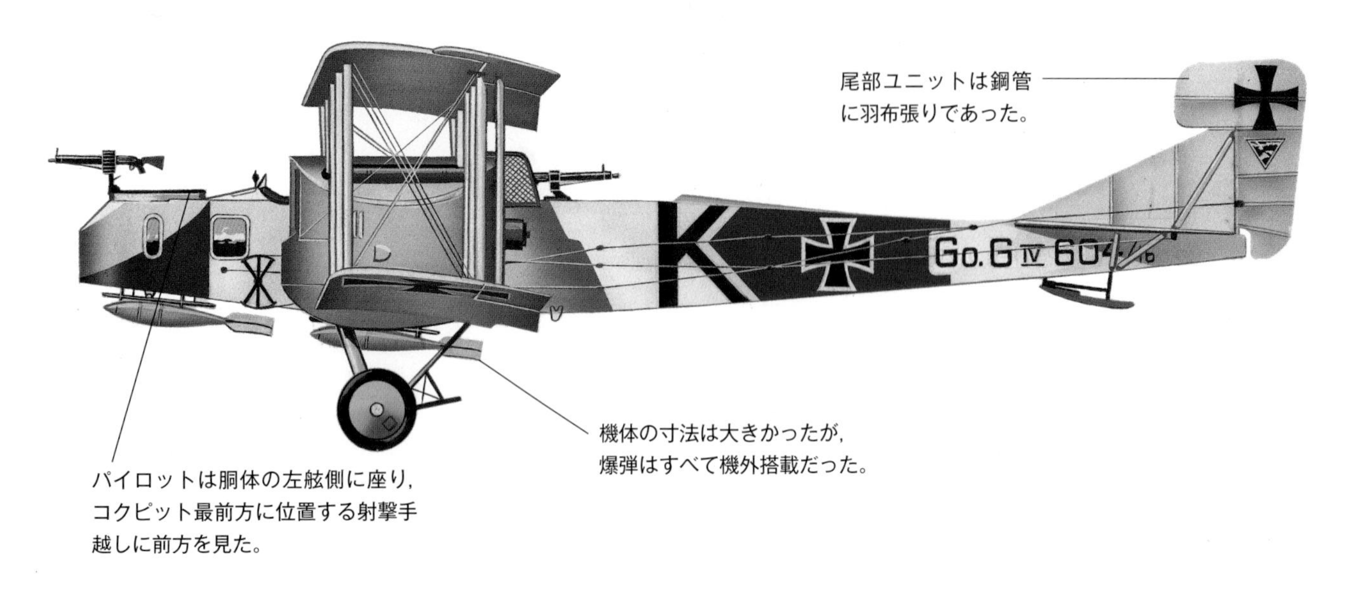

ゴータG.Ⅴ

タイプ：双発昼夜間長距離爆撃機
推進装置：194kWのメルセデスD Va 6気筒直列ピストン・エンジン2基
最大速度：140km/h（高度3,360m）
フェリー航続距離：491km
実用上昇限度：6,500m
空虚重量：2,740kg：搭載時重量3,975kg
武装：手動操作の7.92mmパレベラム機関銃を機首に1丁，後席コクピットに爆弾最大500kg
寸法：全幅23.70m
全長11.86m
全高4.30m
主翼面積89.5m²

生産型はキャメル2F.1で，艦上運用向けに設計された。空母「フュリーアス」と「ペガサス」で運用されたほか，2F.1はほかの艦艇の主砲塔や船首に設置したプラットフォームからカタパルトで射出されたり，駆逐艦の艦尾から曳航する艀（はしけ）から発進したりすることもできた。実際，海軍航空戦力の開発は，1917年に重要な一歩を踏み出した。

この当時イギリス海軍は，世界に先駆けて本当の意味で空母と呼べる艦艇の開発をしていた。空母とは，陸上機を運用できる飛行甲板を備えた艦艇のことだ。

最初の艦艇が軽巡洋戦艦「フュリーアス」で，第一次世界大戦勃発後まもない1915年6月に起工し，1916年8月15日に進水した。この時点で，上部構造の前方に飛行甲板を備えていたが，最終的には連続した甲板になり，ソッピース1/2ストラッター14機とソッピース・パップ2機の格納庫を備えて完成した。1918年初頭にはソッピース・キャメルが再装備されていた。また，作業場と格納庫から飛行甲板への電動式リフト，横材から吊された強力なロープネットからなる単純な型式のアレスターギアも装備されていた。

1918年7月17日にW・D・ジャクソン大尉とB・A・スマート大尉が指揮するキャメルの2個戦隊がフュリーアスを発進し，デンマークのテナーにあるツェッペリン施設の攻撃に向かった。6機すべてが22kg爆弾2発を搭載し，攻撃は成功した。2棟の小屋に爆弾が命中し炎上，ツェッペリンL.54とL.60が破壊された。二人のパイロットが空母に戻り，3機は悪天候のためデンマークに着陸した。残る1機は海に墜落して水没した。

束の間の襲撃

同じく空母に改装された「キャベンディッシュ」は，1918年に就役し，「ヴィンディクティブ」に改称されたが運用期間は短く，1918年～1920年のロシア北部とバルト海で連合軍の介入戦で短期の支援を行っただけである。この頃，開発の中心

1917年8月2日に，乗機ソッピース・パップで，航行中のHMSフュリーアスに着艦したE・H・ダニング少佐。航行中の船に航空機が着艦したのは史上初のことだった。5日後，ダニング少佐はこの偉業を再現しようとして命を落とした。

となったのは3隻の新空母で，いずれも切れ目のない全通飛行甲板を備えていた。10,850tの「ハーミーズ」，「アーガス」，「イーグル」である。この3隻のうち，「アーガス」だけが終戦までに艦隊へ加わった。1917年5月にフランスの戦闘飛行隊が，新型のスパッドXIIIの標準装備を開始した。以前のスパッドVIIと同様に，優れた射撃能力を備えており極めて強力だったが，低速飛行が難しかった。イスパノ・スイザ8Baエンジンを搭載し，前方に2丁のヴィッカース機関銃を装備したこの機体は，当時としては異例の最高速度225km/hを記録し，高度6,710mまで上昇できた。スパッドXIIIは最終的に80個以上の飛行隊が装備し，8,472機が製造された。この機種はまた，アメリカ遠征軍が16個飛行隊で装備して，1918年4月に西部戦線で最初の作戦行動を行っている。イタリアにも供給され，1923年でもまだ100機を保有していた。

ドイツ側では，1918年4月に死亡したマンフレッド・フォン・リヒトホーフェン男爵の乗機で，機体を赤く塗装した回転式エンジンのフォッカーDr.I三葉機が有名だ。1917年10月に就役した，この素晴らしく機動性に富んだ戦闘機だが，新世代の偵察戦闘機には及ばなかった。また就役初期には死亡に至る墜落事故が多かった。開発したアントニー・フォッカー自身が驚くほど多くの賞賛を集めた航空機で，実際にリヒトホーフェンやベルナー・フォスといった撃墜王が操縦すれば，その能力を発揮できたが，使われた数は少

RFCの救世主
王立航空工廠S.E.5a

王立航空工廠S.E,5aは，第一次世界大戦勃発時には，疑いなく最高の設計の戦闘機だった。頑丈で，パイロットはしばしば戦闘で優位性をもたらしてくれる優れた上昇力を楽しんだ。

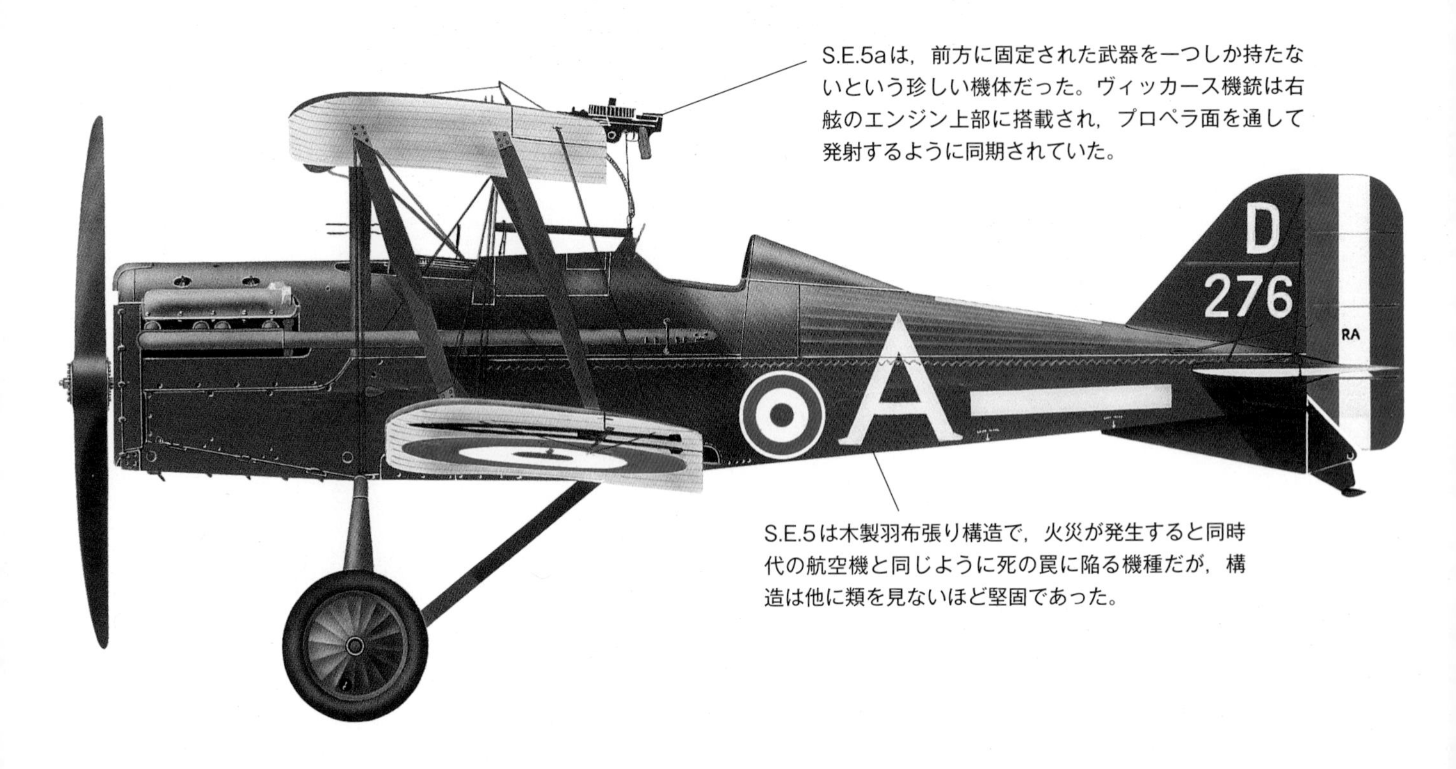

王立航空工廠S.E.5a

タイプ：単座の戦闘索敵機

推進装置：149kWのウーズレイ（イスパノ・スイザ8a V型8気筒ピストン・エンジンのライセンス生産版）1基

最大速度：222km/h

フェリー航続距離：483km

実用上昇限度：5,185m

空虚重量：639kg；最大離陸重量：902kg

武装：7.7mmの固定式前方射撃用ヴィッカース機関銃1丁，上翼のフォスター架台に7.7mmのルイス機関銃1丁

寸法：全幅8.11m
全長6.38m
全高2.89m
主翼面積22.67m^2

なかった。

フォッカーが設計した別の航空機がフォッカーD.Ⅶで，かなり異なる航空機だった。フォッカーD.Ⅶは第一次世界大戦中に生産された最高の戦闘機であることに疑いの余地はなく，その起源は1917年末にさかのぼる。1917年末，ドイツの航空軍団がそれまで3年間享受してきた支配的な立場と技術的優位性を失い始めていた頃だ。事態を重く見たドイツ軍最高司令部は，ドイツの航空機メーカーに新型戦闘機の開発を最優先するように命じ，さまざまなデザインの試作機を飛ばして競争させることにした。その結果，フォッカーD.Ⅶが圧倒的な強さで優勝し，フォッカー社は当初400機の契約を獲得した。それまでフォッカーが設計した戦闘機の中で最大の受注額は，Dr.I三葉機60機だった。最初の機体は第1戦闘航空団に納入され，1918年11月の休戦までに約1,000機が完成した。

1918年夏から秋にかけて，フランスでの最後の戦いが行われ，11月11日の休戦協定により，史上初の航空戦争が終結するまで，このような航空機が活躍した。

当時最高の格闘戦闘機ではなかったが，王立航空工廠S.E.5aは，多くの撃墜王に好まれた。この機体は，イングランドのベッドフォードシャー地方のオールドワーデンにあるシャトルワース・コレクションで保存されているものである。

最高の戦闘索敵機
ソッピースキャメルF.1

このイラストは，RNAS第10飛行隊“A”飛行班で，カナダ人撃墜王のビル・アレクサンダーが乗っていたもの。この部隊は1918年4月1日にイギリス空軍第210飛行隊となった。

ソッピース・キャメルF.1
タイプ：単座の戦闘索敵機
推進装置：97kWのクレルジェ回転式ピストン・エンジン1基
最大速度：185km/h
滞空時間：2時間30分
実用上昇限度：5,790m
空虚重量：421kg；最大離陸重量：659kg
武装：7.7mmの前方射撃用ヴィッカース機関銃1丁と，胴体側面に11.3kg爆弾を最大4発装着
寸法：全幅8.2m
全長5.72m
全高2.59m
主翼面積21.46m^2

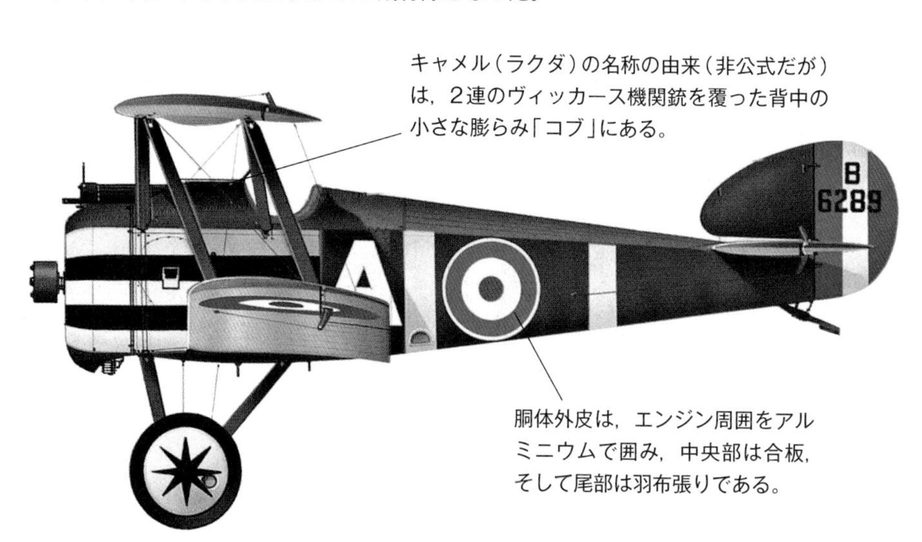

キャメル（ラクダ）の名称の由来（非公式だが）は，2連のヴィッカース機関銃を覆った背中の小さな膨らみ「コブ」にある。

胴体外皮は，エンジン周囲をアルミニウムで囲み，中央部は合板，そして尾部は羽布張りである。

「フザー・オブ・クレフェルト（クレフェルトの軽騎兵）」と呼ばれた，フォッカー三葉機で出撃するベルナー・フォス大尉。48機を撃墜したドイツの航空エースはRFC第56飛行隊のライス・デイビス中尉に撃墜されて，死亡した。

最大で最速のスパッド スパッドS.XⅢ

スパッドSX.Ⅲ

タイプ：単座の戦闘索敵機
推進装置：164kWのイスパノ・スイザ88Ec V型8気筒ピストン・エンジン1基
最大速度：224km/h
実用上昇限度：6,650m
最大離陸重量：845kg
武装：7.7mmの前方射撃用ヴィッカース機関銃1丁
寸法：全幅8.1m
全長6.3m
全高2.35m
主翼面積20.00m^2

アメリカ人志願者を中心に構成されたフランスの戦闘機部隊，ラファイエット飛行隊のカラーをまとったスパッドS.XⅢ。アメリカが参戦する前の1916年4月にアメリカ飛行隊として編成された。

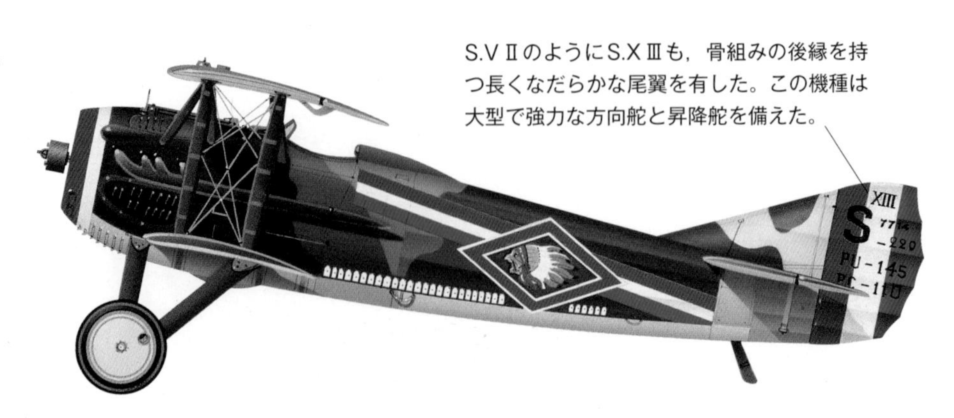

S.VⅡのようにS.XⅢも，骨組みの後縁を持つ長くなだらかな尾翼を有した。この機種は大型で強力な方向舵と昇降舵を備えた。

アメリカ人による飛行隊のラファイエット飛行隊は，フランス空軍のために戦う義勇パイロットで編成された。部隊には，17機を撃墜したラオル・ルフベリーも所属した。

撃墜王レッド・バロンの乗機
フォッカー Dr.I

マンフレッド・フォン・リヒトホーフェンのほぼ全体を赤く塗ったフォッカーの三葉機。この機体で1918年4月21に撃墜され死亡した。フォッカーの三葉機は極めて機動性に優れたが，その最高の能力を引き出すにはパイロットの高い技術が必要だった。

フォッカー Dr.I

タイプ：単座の戦闘索敵機
推進装置：82kWのオーベルウーゼル Ur.Ⅱ 9気筒回転式ピストン・エンジン1基
最大速度：185km/h
滞空時間：1時間30分
実用上昇限度：6,100m
空虚重量：406kg；最大離陸重量：586kg
武装：7.92mmのLMG08/15前方射撃機関銃2丁
寸法：全幅7.19m
全長5.77m
全高2.95m
主翼面積18.66m^2

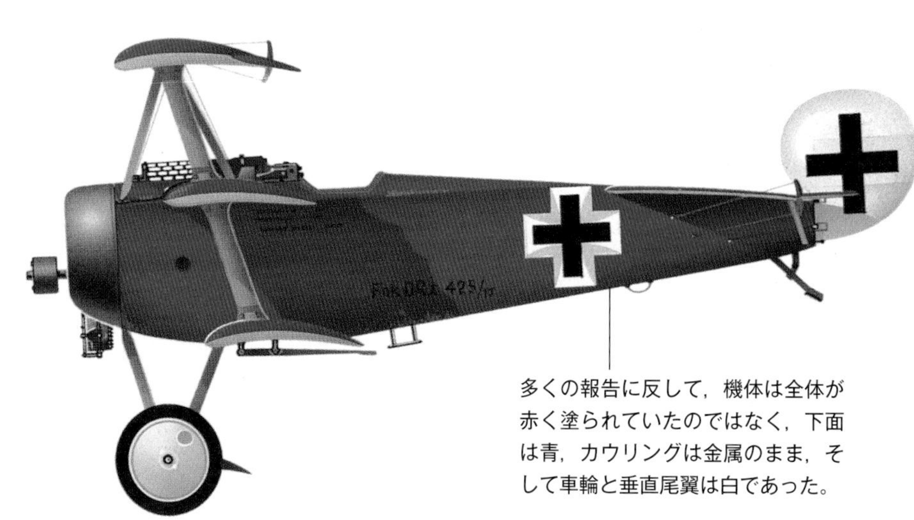

多くの報告に反して，機体は全体が赤く塗られていたのではなく，下面は青，カウリングは金属のまま，そして車輪と垂直尾翼は白であった。

マンフレッド・フォン・リヒトホーフェンは全部で4機の三葉機に乗り，そのうちの1機（152/17）が戦後にベルリン博物館で展示された。その機体は，1944年の連合軍による爆撃で破壊された。

フォッカーの最高の複葉戦闘機
フォッカー D.Ⅶ

フォッカー D.Ⅶは，あらゆる時代を通じて偉大な戦闘機の一つであり，第一次世界大戦末期には連合軍を苦境に陥らせた。その飛行は，繊細で楽しめるものであった。

フォッカー D.Ⅶ

タイプ：単座の複葉戦闘機
発動機：138kWのBMW Ⅲ6気筒直列ピストン・エンジン1基
最大速度：200km/h
滞空時間：1時間30分
実用上昇限度：7,000m
空虚重量：735kg；最大離陸重量：880kg
武装：7.92mmのLMG08/15固定式前方射撃機関銃2丁
寸法：全長6.95m
全幅8.9m
全高2.75m
主翼面積20.5m^2

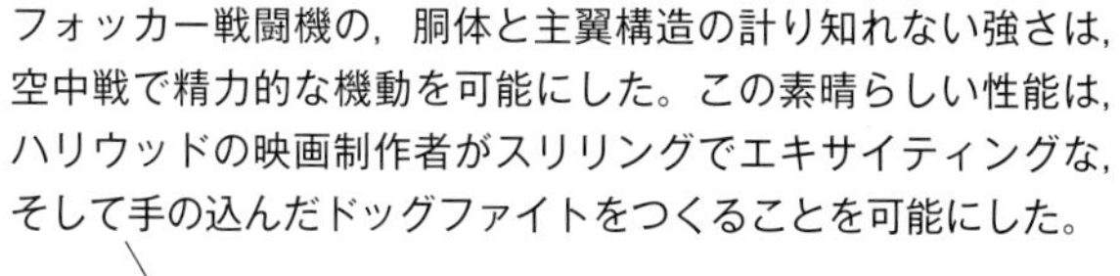

フォッカー戦闘機の，胴体と主翼構造の計り知れない強さは，空中戦で精力的な機動を可能にした。この素晴らしい性能は，ハリウッドの映画制作者がスリリングでエキサイティングな，そして手の込んだドッグファイトをつくることを可能にした。

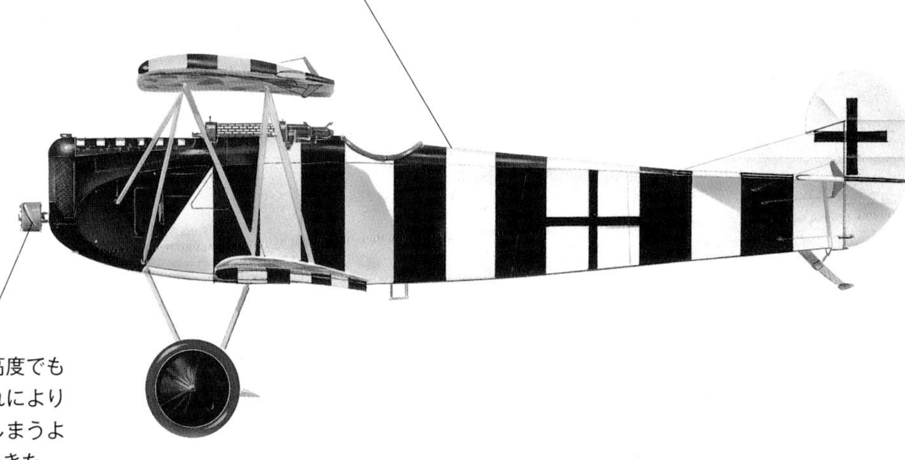

フォッカーの戦闘機の重要な特徴は，高高度でもプロペラの効きを維持できたことだ。これによりパイロットは，他の戦闘機がスピンしてしまうような状況でも，上向きに射撃することができた。

第5章
世界をつなぐ輪

国際標準時の1919年7月6日午後1時54分に，イギリスの硬式飛行船R.34がニューヨークのミネオラ飛行場の係留場を離れ，史上初となる東から西への大西洋横断に出発した。その108時間12分前に，この飛行船は空軍十字章（AFC）の受章者ジョージ・H・スコット少佐が指揮し，イギリスの軍用飛行船の指揮官エドワード・M・マイティランド准将，さらに子猫と密航者であるバランタインという名の飛行家を乗せて，スコットランドのイースト・フォーチュンを離れた。この飛行船は何の予告もなく目的地に到着し，7月10日に3日間にわたるレセプションや報道陣の取材を終えて，復路の飛行に出発した。7月17日午前6時56分，75時間2分の飛行を経て，イギリスのノーフォーク州プラムに到着し，航空機による初の大西洋周航を達成した。

大西洋横断を成功させたのはR.34が最初ではないが，この飛行船にとってはこれが最初で最後だった。1919年には，勇敢な男たちが航空の道を阻む最も大きな自然の障害の一つに挑み，克服しようとして失敗したが，そのうち成功した二つの事例がよく知られている。まず，カーチスのNC-4飛行艇である。アメリカ海軍第1水上機師団所属の3チームのうちの一つが，5月17日にカナダのニューファウンドランドからアゾレス諸島経由でポルトガルのリスボンに到着した。NC-4にはNC-1とNC-3が随行し，どちらもゴール手前で着水した。成功したこの飛行を率いたのはアルバート・C・リード少佐で，彼はリスボンに10日間滞在し，イギリスのプリマスに向

◀大西洋を西から東へ向かう横断飛行の最後に，ニューヨークのミネオラに着陸しようとするイギリスの硬式飛行船R.34。1919年7月17日に，基地であるイギリスのプラムに戻った。

ポルトガルのリスボン港で撮影されたアメリカ海軍のカーチスNC-4飛行艇。1919年5月27日に初の大西洋横断飛行に成功したあとである。この航空機は，カナダのニューファウンドランドからアゾレスを経由して到着した。

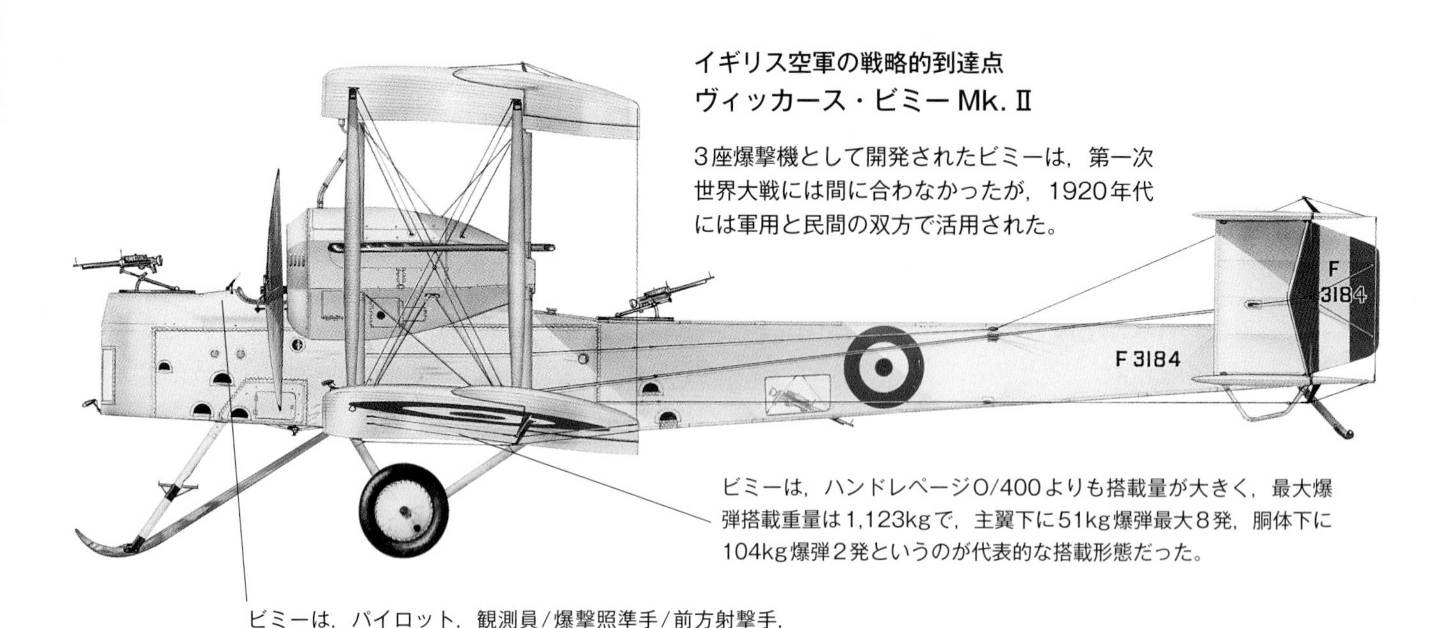

イギリス空軍の戦略的到達点
ヴィッカース・ビミー Mk. II

3座爆撃機として開発されたビミーは，第一次世界大戦には間に合わなかったが，1920年代には軍用と民間の双方で活用された。

ビミーは，ハンドレページO/400よりも搭載量が大きく，最大爆弾搭載重量は1,123kgで，主翼下に51kg爆弾最大8発，胴体下に104kg爆弾2発というのが代表的な搭載形態だった。

ビミーは，パイロット，観測員/爆撃照準手/前方射撃手，後方射撃手，下方射撃手の4人乗りであった。下方射撃手は，常には乗り込まず必要に応じて搭乗した。

ヴィッカース・ビミー MK. II

タイプ：重爆撃機
推進装置：269kWのロールスロイス・イーグルVIII12気筒V型ピストン・エンジン2基
最大速度：166km/h
フェリー航続距離：1,464km
実用上昇限度：2,135m
空虚重量：3,221kg；最大離陸重量：5,670kg
武装：7.7mmのルイスMk. III機関銃3丁。1丁は機首のピボット架台，1丁は上部，1丁は下部に装着，機内爆弾倉と主翼下ラックに最大2,179kgの爆弾
寸法：全幅20.75m
全長13.27m
全高4.76m
主翼面積123.56m^2

かった。

それから3週間後に，最初の大西洋無着陸横断という劇的な偉業が成し遂げられた。実際に無着陸で大西洋横断飛行を行ったのは，ジョン・オルコック大尉と航法士のウィッテン・ブラウン中尉である。ニューファウンドランドのレスターズ飛行場からアイルランドのゴールウェイ県にあるクリフデンまで，ヴィッカース・ビミーに乗り横断した。彼らにはデイリー・ミラー紙から10,000ポンド

ジョン・オルコック大尉（左）とアーサー・ウィッテン・ブラウン中尉は1919年に，初めて大西洋横断飛行を行った。この飛行の終わりは，いささか不名誉なものだった。というのも，彼らの機体は機首からアイルランドの泥の沼に突っ込んでしまったのである。

カナダのニューファウンドランドのセント・ジョンズからヴィッカース・ビミーで飛び立つオルコックとブラウン。この16時間27分後にアイルランドのゴールウェイ・カウンティのクリフデンに降り立った。二人はこの功績によりナイトの称号を受けた。

の賞金が贈られ，ナイト（爵位）の称号が与えられた。

R.34の飛行後，ダムが決壊したように大西洋を開拓する飛行が続いたが，すべてが成功したわけではない。R.34の飛行から1年後，実質的に一定数の人員と貨物を積める十分な大きさ持ち，大西洋を横断できるのは唯一飛行船だった。残るは冒険者たちだけで，1920年代初頭，ほかの挑戦に目を向けていた。たとえば，オーストラリアへの飛行やアジア横断などである。大西洋を段階的に渡ることは何度かあったが，再び無着陸で渡ったのはドイツのツェッペリンLZ.126で，1924年にアメリカ海軍に納入するため大西洋を横断した。

大西洋の探求

1927年までに大西洋横断を探求するテンポが劇的に進み，2月8日にはイタリア人の3人組，ピネドとデル・プレーテ，そしてザケッティが，サンタマリアと名付けたサボイアS.55水上機で，大西洋の周航飛行を初めて実施した。彼らは2月26日にリオデジャネイロに到着したが，シエラレオネとケープベルデ諸島を経由しており，大西洋横断と呼ぶには物足りない飛行だった。その1カ月後には旗を掲げてゆっくりと北上し，キューバに到着した。その後，4月6日に悲劇が襲った。テキサス州ルーズベルトで火災が発生し，サンタマリアは焼失してしまったのだ。しかし翌月には後継機サンタマリアIIを入手して，5月8日にニューヨークまで飛行している。

5月18日，彼らはシカゴに到着し，20日にはカナダのニューファウンドランド州に入って，東に向けて大西洋横断飛行の準備を始めた。5月23日に離陸し，2,314kmの飛行後，アゾレス諸島ホルタの北西290kmの海上に降りた。このとき，燃料は使い果たしており，回収船に救助されている。彼らと機体は5月26日に船で曳航されてホルタに到着し，居心地の悪い日々を過ごした。休息ののち，6月10日に3人組はポンタ・デルガダに飛行し，そこからポルト

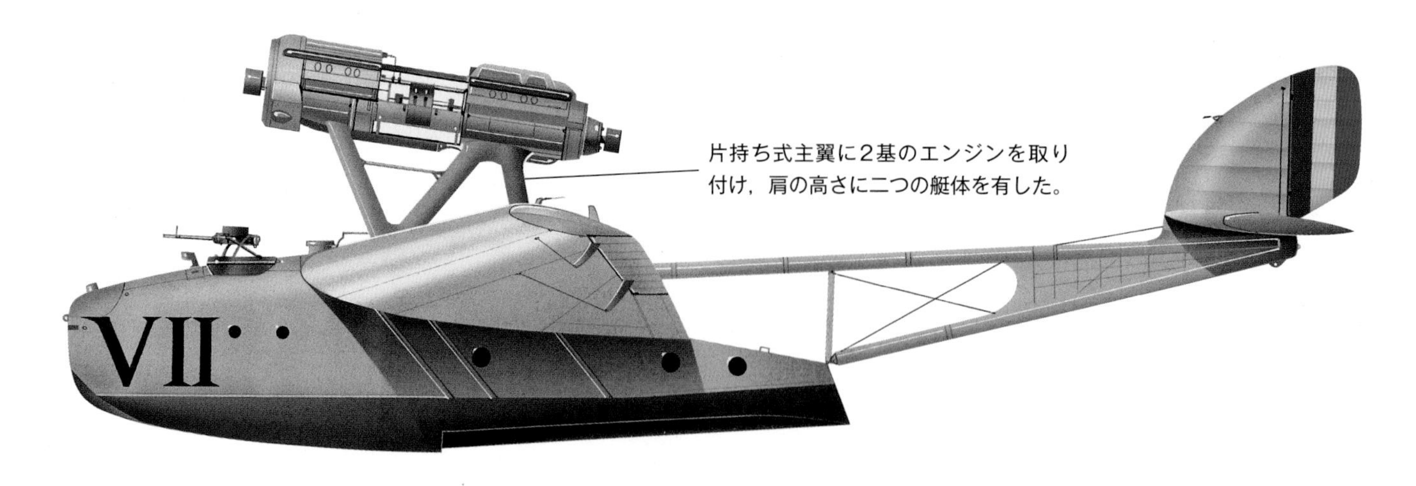

片持ち式主翼に2基のエンジンを取り付け，肩の高さに二つの艇体を有した。

凱旋の飛行艇
サボイア・マルケッティ S.55SA

サボイアS.55飛行艇は，1920年代のイタリアの開拓飛行で多用された。サボイアは，イタリアを代表する飛行艇製造者で，軍用と民間向けの双方を製造した。

サボイア・マルケッティ S.55SA
※データはS.55Xのもの

タイプ：長距離爆撃偵察飛行艇
推進装置：656kWのイソッタ-フラッシーニ・アッソ750V型ピストン・エンジン2基
最大速度：279km/h
フェリー航続距離：3,500km
実用上昇限度：5,000m
空虚重量：5,750kg；最大離陸重量：8,620kg
武装：7.7mm機関銃2丁を両艇体に1丁ずつ，加えて魚雷1発または爆弾2,000kg
寸法：全幅24m
全長16.75m
全高5m
主翼面積93m^2

ガルのリスボン，そして最終目的地であるイタリアのローマに到着した。1927年2月8日から6月16日までの総飛行距離は40,707kmを超えていた。

1927年の春，大西洋横断飛行への関心を再燃させる誘因はたくさんあった。飛行家の鼻先に人参をぶら下げるもので，たとえばニューヨークのホテル経営者レイモンド・オーテイグは，ニューヨークからパリあるいはその逆を最初に無着陸飛行したものに25,000ドルの賞金を与えるとした。これには多くの困難がつきまとうのは想像に難くない。特にエンジンは8年前のオルコックとブラウンの飛行時からほとんど信頼性が上がっていなかった。大西洋の予測できない天候を予報する適切な方法はまだなく，また，パイロットを補佐してくれる無視界飛行用の計器がないことなどから，仮に雲の中に入ってしまうと3,200km以上を航法装置の助けなしで飛行しなければならなくなる。そして当然，大西洋を

横断できる性能を持つ航空機が必要だ。何より，パイロットはスポンサーの多大な支援なくして挑戦を望むことはできず，スポンサーも，パイロットから成功する保証を得ることなくして，支援することはできなかった。しかし，フランス人は次々と悲劇に見舞われながらも，懸命に，そして勇敢に努力した。1927年には，二つの出来事が相次いで起こった。一つ目は，5月5日にサンルイ・デュ・セネガルを出発したファルマン・ゴリアテが大西洋上に向かったが，その飛行艇も乗組員も二度と姿を見せることはなかった。それからわずか3日後，フランス全土に新たな衝撃と悲しみを与える出来事が起こった。5月8日，フランスを代表する45戦全勝のエース，シャルル・ナンジェッセが，航法士のフランソワ・コリとともにルヴァスール「ロワゾー・ブラン（白い鳥）」でパリを離陸した。無事に離陸したナンジェッセは離陸後すぐに主脚を切り離した。これは，ルヴァスールが偏西風にさらされるためで，軽量化と空気抵抗の低減を目的としたものである。英仏海峡までは小型機が同行していたが，その後は単独で飛行を続けた。

しかし，機体は跡形もなく，灰色の大西洋の海に消えた。「ロワゾー・ブラン」の残ったものは切り離された主脚のみで，現在もフランス航空博物館で保管されている。

リンドバーグの勝利

それから13日後の5月21日，ライアン社の単葉機「スピリット・オ

成功した単独での大西洋横断飛行に飛び立つ直前のチャールズ・リンドバーグ（右下，右から3人目）。彼以前にフランスの撃墜王シャルル・ナンジェッセをはじめ，何人もの航空家が挑戦し，失敗していた。

LZ.127グラーフ・ツェッペリン

LZ.127グラーフ・ツェッペリンは，わずか3カ所の寄港だけで世界中を飛行することができ，大きな賞賛を得たが，その飛行には問題を内包し，危険なものであった。

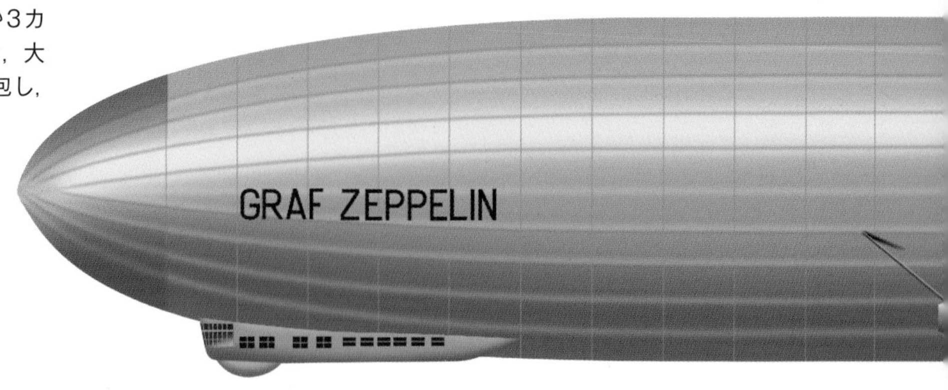

LZ.127グラーフ・ツェッペリン
タイプ：飛行船
推進装置：410kWのマイバッハ・エンジン5基
最大速度：131km/h
寸法：全長245m
最大径41.2m
容積105,000m^3

民間飛行船のグラーフ・ツェッペリンとその姉妹船のヒンデンブルクは大きな成功を収めたが，可燃性の水素ガスという危険物が常につきまとい，最終的にヒンデンブルクは完全に破壊された。

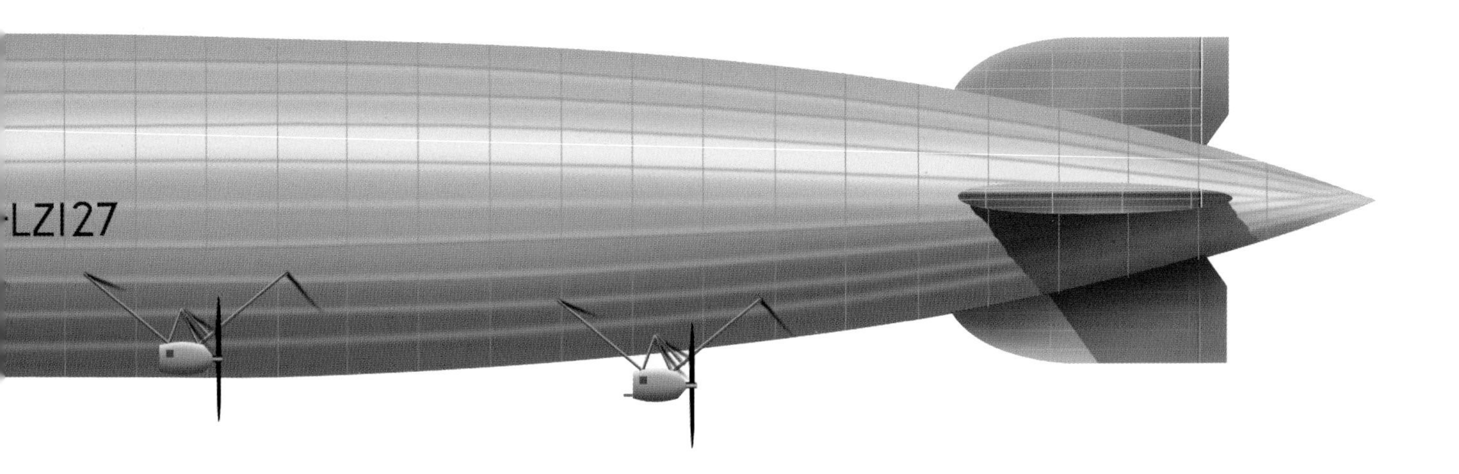

ブ・セントルイス」がパリのル・ブールジェに暗闇の中,着陸した。ニューヨークからパリまで平均速度173.6km/hで飛行し，内気で真面目そうな若きパイロット，チャールズ・リンドバーグは歴史の表舞台に立ったのだ。この歴史的な飛行は，そのドラマが幾度となく語られてきたため，ここで改めて説明する必要はないだろう。リンドバーグにとって大西洋単独横断は，名声と悲劇に彩られた波乱万丈のキャリアの始まりに過ぎなかった。

当初，航続距離と耐久飛行の最先端を走っていたのはアメリカ海軍であり，1924年には，雷撃機として運用されていたダグラスDT-2複葉機を改造したダグラスワールドクルーザーを（DWC）使い，途中何度も停泊しながらも初の世界一周飛行に成功した。

この壮大な飛行は乗組員に相応の栄誉をもたらし，彼らの飛行技術や操縦技術が賞賛されただけでなく，将来の航空機や機器の設計に影響を与える多くの教訓をもたらした。その一つは，高温多湿の環境下では木や布は翼やフロートの構造には適さないということ。もう一つは，交換部品や燃料，技術者を乗せたアメリカの軍艦を航路上に配置するなど，大規模な支援と組織化がなければ，この飛行は実現しなかったということだ。長距離航空作戦の後方支援は，その後20年間，アメリカ人が得意とするところであった。

注目すべき飛行船

1920年代には何度か世界周航飛行が試みられたが，エンジンがその負荷に耐えられなかったり，悪天候の結果,事故を起こしたりするなど，いずれも失敗に終わっている。航空機の一種である飛行船もまた，本当の意味で世界一周を成し遂げようとしたが，実際にそれが定義通りに成し遂げられたのは，1929年のこと。注目すべき飛行船「グラーフ・ツェッペリン」によって達成された。

第一次世界大戦中にツェッペリンの後期型は，その驚くべき滞空時間の長さを実証した。たとえばLZ.59は，ブルガリアから東アフリカに長距離飛行を行い，帰りはハルツームからブルガリアまでの6,720kmを95時間35分で飛行する記録を打ち立てた。その後継の一つである民間飛行船のグラーフ・ツェッペリンは，まず，1928年10月11日に，37人の乗員と20人の乗客，62,000通の手紙，そして100枚の特別な葉書を乗せてアメリカのニュージャージー州レイクハーストへ飛行し，到着。翌年の1929年8月8日，レイクハーストから世界一周へ向けて出発し，西から東に大西洋を越えて8月10日，ドイツのフリードリヒスハーフェンに到着した。

その5日後にはもう一度飛行し，ベルリン，シュチェチン，ダンツィヒを通過してバルト海を越え，ロシアに向かった。8月16日早朝にはヴォログダの街を通過しウラル山脈に向かい，巡航しながらペルムの北を横切った。8月17日から18日にかけてシベリアの広大な地に達し，エニセイ川上空に着いた。この飛行中，シベリア上空は最悪で，航路図に載っていないスタノボ山脈を通過し，東の海岸線と並行して飛び，オホーツク海に到達した。船長のヒューゴ・エッケナーは荒れた風の中，狭い谷の中を飛行し，何度も船体を岩に当てそうになった。しかしエッケナーにはそれを安全に乗り越えられる技量があり，ほんの数メートルの間隔であってもそれをかわし

A-6584
.S.NAVY

1924年4月6日から9月28日にかけて，初の世界一周を行ったダグラスワールドクルーザー。4機がワシントン州のシアトルを出発したが，2機は不運に終わっている。

て山の頂を越え，尾根に沿って飛び続けた。そしてオホーツク海に出ると，その先に日本がある。こうしてロシア横断飛行を成し遂げた。

グラーフ・ツェッペリンにはロサンゼルスに直行するだけの十分な燃料はあったが，政治的な理由でいったん東京に立ち寄ることになっていた。8月19日に寄港先の霞ヶ浦に到着したとき，シベリア上空の厳しい乱気流やサハリンでの台風の余波などに遭遇しつつも，11,263kmを101時間44分で飛行していた。

壮大なる飛行

グラーフ・ツェッペリンは8月23日に日本を離れて針路を東に取った。南東方向から太平洋に入り，空を流れる台風からの風を生かして飛行した。その後，24時間近く濃い霧の中を飛行することとなったが，太平洋横断を開始して3日目には天候が良好になり，8月25日の夕暮れにサンフランシスコ上空に達し，多くの人々から歓迎を受けた。そしてロサンゼルスに直行し，明け方に着陸しようとしたが，気温の逆転現象によりそれは難しいものとなった。飛行船が降下するときに冷たい軽い空気層があると，大きな船体からガスを抜き安全に係留させられる。しかし夕方にはそれが逆になる。ガスの量は自動的に調節されるが，日中には太陽が飛行船を暖めるため，船体が危険なほど重くなる。これ以上ガスを充填したままにできないと判断したエッケナーは，ゆっくりと時間をかけて船首を上げて離陸し，暖かい空気層に入った。飛行船は何度か弾み，尾部を地面に打ちつけたが，十分に張力のある係留索が支えた。その後，高度を稼ぐとニュージャージー州レイクハーストに向かい，8月29日に係留されて21日7時間34

LOS ANGELE
AROUND THE W
AROUND THE WO

1933年7月22日，2度目の世界一周を終えたワイリー・ポストが「オクラホマのウィニー・メイ号」と一緒に撮影した写真。今回の単独飛行では，1931年にハロルド・ゲティと組んで世界一周飛行を果たした1度目より，飛行時間を1日短縮させた。

分の世界一周飛行を終えたのである。そして地上で1週間を過ごしたのち，レイクハーストから母港に向けて大西洋を横断した。

グラーフ・ツェッペリンが，わずか3カ所の寄港で世界を一周するという，注目すべき偉業を達成した。しかし，ほぼ2年後には，それをしのぐ飛行がアメリカ人により達成された。ワイリー・ポストとハロルド・ゲティが，「オクラホマのウィニー・メイ号」と名付けたロッキード・ベガ単葉機で1931年6月23日に，10日もかからずに世界一周飛行した。離陸後，ニューファウンドランド島のハーバー・グレースから北大西洋に入り，イギリスのチェスターまで16時間17分で飛行した。7月1日にニューヨークに戻り，8日15時間51分で民間航空機による初の世界一周を完遂させ，10,000ドルの賞金を獲得した。総飛行時間は107時間2分だった。

1933年にワイリー・ポストは，多少の改修を加えた同じ航空機で，単独世界一周飛行の記録もつくった。7月15日にニューヨークからベルリンまでを25時間45分で飛行して，ケーニッヒスベルク，モスクワ，ノボシビルスク，イルクーツク，ハバロフスク，アラスカ州のフラットとフェアバンクス，そしてカナダのエドモントンを経て出発点に戻った。この飛行に要した期間は7日と18時間50分で，飛行していた時間は115時間54分であった。

単独あるいは乗員と一緒に世界を飛び回っていたのは男性だが，女性もいた。1929年にグラーフ・ツェッペリンに乗ったドラモンド・ヘイ女史である。しかしまだ，パイロットとして世界を一周した女性はいなかった。これに初めて挑む決意をしたのがアメリア・イアハートで，

Mobilgas
SOCONY- VAC

アメリカ人のワイリー・ポストとハロルド・ゲティが，民間航空機ロッキード・ベガ「オクラホマのウィニー・メイ号」で世界一周飛行を成し遂げた。この飛行は，1931年6月23日から7月1日にかけて行われた。

1932年5月21日，北アイルランドのロンドンデリーで撮影された
アメリア・イアハートとロッキード・ベガ。イアハートはこの航空
機で，大西洋を横断飛行した初の女性パイロットになっている。

1937年3月に最初の挑戦を行ったが，乗機のロッキード・エレクトラがホノルルを離陸するときにグラウンド・ループ（滑走時の大きな蛇行）を起こして右主脚と主翼を損傷し，残念な結末となった。

航法の問題

機体は修理され，彼女は3カ月後に再び挑戦することにした。航法士のフレッド・ヌーナンとともに，赤道を一周しようというもので，かつ初めて西から東に向けて飛行する計画だった。6月1日にフロリダ州のマイアミを離陸し，プエルトリコのサンファンに向かい，そこからベネズエラのカリピト，オランダ領ギアナのパラマリボ，南アフリカのナタールを経由して，大西洋を横断しダカールに向かうというものだった。西アフリカ沿岸を霧が覆っていたためヌーナンの航法は困難となり，6月8日にセネガルのサン＝ルイに着陸し，ダカールへの到着は翌日になった。

ダカールからは，ガオとフォート・ラミーを経由し，イギリス・エジプト領スーダンのエルファシルに飛び，その後はハルツーム，紅海のマッサワを通過した。そこからエリトリア沿岸のアッサブに飛び，カラチまで13時間10分の無着陸飛行を完了した。カラチではインペリアル航空とイギリス空軍の技術者がエレクトラを点検し，イアハートとヌーナンは二日間の休息を取った。彼らは6月17日に飛行を再開し，インペリアル航空の航路に沿って，2,236km離れたインドのカルカッタまで飛行した。

カルカッタのダムダム空港に降り立った彼女らは，飛行場が水浸しになっているのを目の当たりにした。モンスーンの影響が懸念されたため，一刻も早く出発しなければならなかった。カルカッタからビルマ（現ミャンマー）のアキャブまでの飛行は問題なかったが，アキャブとラングーン（現ヤンゴン）の間で，エレクトラは嵐のような南東からの風とモンスーンの雨に見舞われ，機体の翼前縁の塗装が剥がれてしまった。これでは巨大な雲の間を抜けることはできず，彼女らは引き返してアキャブへと戻っていった。

6月19日にはラングーンに到着，翌日にはバンコク，シンガポールへと飛び，遅れを取り戻すことができた。悪天候を脱したかのようにシンガポールからジャワ島のバンドンまでの次の行程では，素晴らしい視界が確保されていた。バンドンではKLMオランダ航空の技術者が機体をチェックし，6月27日にはオーストラリアのポートダーウィンに向かい，途中で東ティモールに立ち寄った。

その翌日には，洋上を1,930km飛行し，ポートダーウィン，そしてニューギニアのラエに到着した。この飛行は強い向かい風と乱気流の中で8時間，すでに35,400kmを飛行していた二人に，さらなる緊張を強いた。

1937年7月2日にラエを出発して4,113kmを飛行し，中部太平洋に位置するハウランド島に到着して，これがカリフォルニア州オークランドに戻るまで最後の寄港地となるはずだった。実際に上陸するのは7月1日で，国際日付変更線を越えた日となる。

未解決な謎

しかし彼女らはハウランド島に到着することはなかった。途切れ途切れの無線交信はあったが，何も聞こえなくなった。太平洋の半分のエリアで大がかりな捜索が行われ，何カ国もがそれに加わった。しかし，彼女らの失踪は航空界の大きな謎として未解決なままである。

アメリア・イアハートとロッキード・エレクトラ。この女性パイロットと航法士は，1937年の世界一周飛行中に行方不明となった。彼女らの消息は今も謎のままだ。

モデル10エレクトラを大型化したモデル14。旅客機としては三つの主要タイプが製造され，世界中で使われた。また，ハワード・ヒューズのようなパイロットが操縦して，素晴らしい耐久性を確立した。

彼女らが行方不明になったのと同時期に，パンアメリカンとインペリアル航空が世界一周の定期運航を開始し，新聞はこれらを大きく報じた。「1機の飛行機が行方不明になった。孤独な太平洋のはるか彼方へ。一方で地球の裏側で夜明けに向かうもう一機の飛行機。海の開拓者たちの一日は幕を閉じた」と，失踪事件を報じた新聞の社説は書いている。しかし，これは必ずしも正確ではない。1938年7月10日に，エレクトラの改良型であるロッキード14がニューヨークを出発し，4日以内，厳密には19時間24分で世界一周飛行を行った。操縦したのは，金満家で良きにつけ悪しきにつけ常に話題を振りまいた男だが，航空界に貢献した人物でもあった。その名は，ハワード・ヒューズである。

大戦間の商業航空の発展に拍車をかけたのは，何よりも迅速な郵便事業の必要性であり，世界中に拡大した大英帝国ほどその必要性が高かった。その先駆的な役割を果たしたのがイギリス空軍であり，大英帝国全土に航空路のネットワークの基礎を築き，その過程でいくつかの素晴らしい記録を残した。

1924年，新たに設立されたインペリアル航空は，多くの小さな航空会社をまとめた国営航空会社で，戦後まもなく頭角を現した。5月にハンドレページW.8bとデ・ハビランドD.H.34で運航を開始し，初期の路線を設立したが，大英帝国の拡大は中東や極東，アフリカ南部などの長距離路線を必要とした。こうした，より長距離の路線向けには，専用の航空機を購入する必要があった。1928年までにインペリアル航空はすべてのイギリス航空機製造会社に対して，大陸路線向けの新しい40席の多発機を購入する計画を示した。

採用されたのはハンドレページH.P.42で，大英帝国の海外路線にも使用できた。最初の実証飛行は1931年6月9日にロンドンからパリへの飛行だったが，当時のインペリアル航空はヨーロッパ域内の路線にアームストロング・ホイットワース・

ハンドレページは，早くから民間輸送機の必要性を予見し，第一次世界大戦の終結後すぐにその設計に着手した。W.8は1919年12月に初飛行した。

アーゴシーとハンドレページW.8を使い続けた。

H.P.42の導入は，インペリアル航空の大陸路線に新たな組織と効率性をもたらした。しかし1933年春に起きたいくつかの事故と急速な需要の増加が，陸上機の不足を痛感させることとなった。そこでショート・ブラザーズがケント飛行艇の陸上機型をつくり，そのギャップを埋めた。「スキュラ」と「シリンクス」と名付けられた2機がつくられ，いずれも1934年にインペリアル航空の夏期スケジュールで就役し，クロイドンからパリ，ブリュッセル，バーゼル，チューリッヒといった路線の定期便で，H.P.42を補完するために使用された。

イギリスの民間航空

1930年代初めに，さまざまな航空機を装備した小規模なチャーターや航空タクシー会社がイギリスで次々に誕生した。ハイランド航空，ヒルマンズ航空，ジャージー航空，レイルウェイ・エア・サービス，スコティッシュ・アンド・プロビンシャル航空などで，1933年になるとそうした小規模な航空会社は一般的になり，接続便業者として成功を収めるようになった。

デ・ハビランドD.H.84ドラゴンや，その発展型であるD.H.89ドラゴン・ラピード，また1934年に誕生したD.H.86といったデ・ハビランドの航空機は，シンガポールとオーストラリアのブリスベーン間を飛行する，という要求を満たした。D.H.86はインペリアル航空で使用されたのに加えて，同じく1935年に設立されたブリティッシュ航空とユナイテッド・エアウェイズでも使われた。

インペリアル航空は，1920年代末からイギリス空軍が築いた大英帝国の航空路線を徐々に引き継ぐようになっていった。それを可能にしたのは，特に長距離飛行用に設計された新型機デ・ハビランドD.H.66ハーキュリーズの登場である。エンジン3発を備えたこの機種は，パイロット二人と無線操作員一人の計3人が乗り組み，乗客7人と手荷物や郵便物を入れる独立した貨物室を備えていた。

余った航空機

1914年から1918年までの戦争が終わると，軍事航空も民間航空も低迷した。アメリカではクーリッジ大統領の下，議会は航空機の開発費をまったく認めなくなり，新しく航空機が開発できなくなっていた。そのうえ何千もの余剰軍用機があふれ，しかもそれらの多くは新品同様の状態で，欲しい人には馬鹿げたほどの安価で売られていた。

ヨーロッパの状況も似たようなもので，アメリカの当時の民間航空の発展の鍵は郵便だった。1925年にアメリカ議会は航空郵便法を可決し，航空郵便の輸送を民間業者に委

ねた。東海岸と西海岸を結ぶ路線はすでに軍用機により飛行されていたが，この新しい法律により，アメリカ郵政局はそれにつながる特定の路線業者を入札で決めることが可能となり，より利益を上げることができる。重要な路線の一つがニューヨークとボストンの接続で，1925年にジュアン・トリッペが設立したイースタン・エア・トランスポートと，影響力のある投資家による合弁企業コロニアル・エア・トランスポートの2社が名乗りを上げた。結局この2社は合併しコロニアル・エア・トランスポートとなり，正式に契約が与えられた。

この間，1925年11月にはウエスタン・エア・エクスプレスという新会社が設立され，ロサンゼルスとユタ州ソルトレイク・シティ間の契約を得て，1926年4月から軍用観測機を転用したダグラスM-2複葉機6機で運航を開始した。1926年5月，ウエスタン・エア・エクスプレスは，郵便の積載量に応じて，可能であれば乗客も乗せ，その費用は90ドルだった。

アメリカの東側ではジュアン・トリッペがコロニアル・エア・トランスポートを去って，新しい航空会社，パンアメリカン航空を設立するために奔走していた。この新会社はフロリダ州のキーウエストからキューバ

ショートS.178G-ACJKシリンクスは，インペリアル航空で活躍した2機のうちの1機である。ブリュッセルでの強風により大きな損傷を受けたが修理され，第二次世界大戦でイギリス空軍が輸送機として使用した。

を経てメキシコ半島に至り，イギリス領ホンジュラスやニカラグア，そしてパナマといったカリブ海路線の運航を目的とした。1927年7月16日にパンアメリカンは，これらの路線で郵便輸送の運航契約を獲得し，10月19日に開始することとなったが，問題は航空機がないことであった。

しかしトリッペは，コロニアルを去る前に数機のフォッカー・トライモーターを発注していた。コロニアルはこれを望んでおらず，これが，トリッペが会社を去ることになった理由の一つだったが，最初の2機は完成間近だった。1927年10月13日に，トリッペがパンアメリカンの社長兼支配人に選任され，10月28日にトライモーターで最初の輸送業務を行った。350kgの郵便物を積んでキーウエストからハバナへ飛行した。

急速な拡張

そこからの展開は急速だった。マイアミに新しい拠点をつくり，翌年にはバハマのナッソーに新しい路線を設けた。トリッペの計画はカリブ海全体を包み，メキシコを通ってテキサスまで向かう周航線にまで広がり，飛行艇が必要になったパンアメリカンでは，トリッペが乗客8人を乗せるS-38を発注し，1928年10月に旅客輸送を開始した。それよりも前の7月に，トリッペはパンアメリカンの野望の前に立ちはだかるライバル会社を買収した。それはウエスト・インディアン・エアリアル・エクスプレスであり，1927年，フェアチャイルドFC-2水上機で，ハイ

ブリティッシュ・ヨーロピアン航空塗装のデ・ハビランドD.H.89ドラゴン・ラピード。第二次世界大戦の勃発時まで製造が続けられ，その間に205機がつくられ，多くの機体がイギリス空軍に採用された。

チのポルトープランスとプエルトリコのサンファン間の運航を開始していた。トリッペは1929年1月にも，メキシコの航空会社，コンパー・メヒカーナ・アビアシを買収した。この会社は，1924年にフォード・トライモーターで運航を開始し，その5年後にはフォッカーF-10とフェアチャイルド71も導入していた。

1930年5月までにパンアメリカンのカリブ海周航路が完成し，この時点で同社は110機の航空機を所有していた。その内訳は，シコルスキーS.38が38機，フォード・トライモーターが29機，フォッカーF.10が12機，フェアチャイルド71とFC-2が31機である。のちに世界最高峰の民間航空会社になる下地はここでつくられた。

パンアメリカンは，太平洋の航空路線の開設でも重要な役割を果たした。1927年以前は，アメリカからアジアに向けて太平洋を越える飛行はアラスカ経由だけで，アリュー

帝国路線の飛行
ハンドレページH.P.42W

ハンドレページH.P.42ハーキュリーズ（G-AAXC）の内部の図。これはインペリアル航空のヨーロッパ路線用だったH.P.42Wで，H.P.42Eはエジプトのカイロを拠点にしていた。

ハンドレページH.P.42W
タイプ：民間輸送機
推進装置：414kWのブリストル・ジュピターXFBM9気筒星形エンジン4基
最大速度：204km/h
フェリー航続距離：805km
実用上昇限度：不明
空虚重量：8,047kg；最大離陸重量：12,701kg
寸法：全幅39.62m
全長28.09m
全高8.23m
主翼面積277.68m²

4基の414kWのブリストル・ジュピターXFBMエンジンは，可能な限り機体の中心線近くに集められた。1基のエンジンが停止しても，操縦性への影響を極力なくすための措置である。

H.P.42は大きな主翼を有し，通常は200m以下という短い距離で離陸できた。誘導路を走っている間に離陸することも多く，時には，滑走路に到達する前に浮かび上がった。

中東の郵便機
デ・ハビランドD.H.66ハーキュリーズ

デ・ハビランドD.H.66ハーキュリーズ
タイプ：7座席複葉民間輸送機
推進装置：313kWのブリストル・ジュピターⅥ星形ピストン・エンジン
最大速度：206km/h
フェリー航続距離：845km
実用上昇限度：3,960m
空虚重量：4,110kg；最大離陸重量：7,076kg
寸法：全幅24.23m
全長16.92m
全高5.56m
主翼面積143.72m²

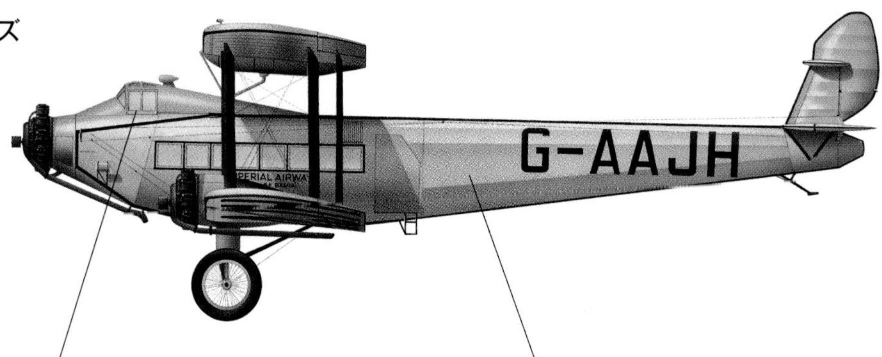

ハーキュリーズは二人のパイロットで飛行し，機体全体は全体が銀色仕上げで，無線使用のキャビンと乗客7人の客室，13.2m³の郵便室があった。オーストラリアのD.H.66は，効率的な配置にして乗客14人の座席を備えた。

暑い地域を飛行した経験から，インペリアル航空は標準塗装を熱吸収の少ないダークブルーからシルバーに変更した。

シャン列島，カムチャツカ半島，クリル諸島を通って日本に行くというもので，1924年にダグラスDT-2複葉機が行った世界一周飛行の経路が最初だった。長距離飛行能力を備えたフォッカーF.Ⅶの改良型が出現し，長い洋上飛行が現実的なものになった。北アメリカから太平洋の中間点までの距離は，ニューファウンドランドからアイルランドまでよりも遠いことを忘れてはいけない。

海に消える

アメリカ人のメイトランド（パイロット）とヘイゲンバーガー（航法士）の両中尉が乗り組んだフォッカーF.Ⅶ-3mこそが，サンフランシスコからホノルルへの太平洋横断飛行を初めて行った航空機である。1927年6月28日午後4時9分に離陸して，25時間49分30秒の飛行で3,910kmを飛びきり，翌日ホノルルに到着した。しかし，この年に行われたもう一つの太平洋横断飛行は悲劇に見舞われた。アメリカの大富豪であるジョン・デールは，35,000ドルの賞金を用意した。サンフランシスコとホノルル間を，適正に組織されたコンテストで最初に飛行した乗員二人に，賞金を分配するというものだった。10組のクルーがこれに参加したが，試験飛行で3人が死亡し，また1機は十分な燃料が積めないと審査員が判定して外された。2機は機械的なトラブルで不参加となり，最終的に参加したのは4組になった。参加したクルー4人のうち，二人が海で行方不明になり，レースに参加できなかったクルー一人が捜索に出て，そのまま帰らぬ人となってしまった。

完全な太平洋横断飛行はその翌年にオーストラリアとアメリカの共同飛行で達成された。航空機は「サザンクロス（南十字星）」と名付けられたフォッカーF.ⅦB-3mで，パイロット兼指揮官のチャールズ・キングスフォード・スミス，二人目はパイロットのC・T・P・ウルム，無線士はジェームズ・ワーナーで，ともにオーストラリア人，そして技量に優れた航法士はアメリカ人のハリー・ライオンだった。

「サザンクロス」は1928年5月31日にカリフォルニア州オークランドを離れ，トラブルもなく27時間27分の飛行後，6月1日にホノルルに到着した。ホノルルからはキングスフォード・スミスが177km離れた，より長い滑走路のあるカウアイ島に飛行し，そこで燃料を積んで6月2日，フィジーに向けて飛行した。これが飛行中で，最大の難所となった。ちょうど赤道を通過するときに非常に激しい嵐と遭遇したのである。しかしハリー・ライオンの航法のおかげで，6月4日にスバに到着して512kmを34時間33分で飛行した。

機体は6月8日にスバを離陸したが，またも激しい雷雨に見舞われ，しかも強い向かい風での飛行となり，なかなか進まなかった。さらに

ライオンの磁石に狂いが生じて事態をさらに複雑にし，2,896kmを飛行するのに21時間35分を要した。それでもブリスベーンから約145kmのイーグル・ファームにたどり着き，「サザンクロス」は総飛行時間83時間38分で11,890kmを飛行した。

跡形もなく消える

一連の基本的な調査ののち，パンアメリカンは1930年代中頃に，太平洋横断の定期運航便を開始した。使用したのは，シコルスキーS-42とマーチンM-130の2機の飛行艇。どちらも大型の4発機でアジアの主要地を，公式には60時間で結ぶことになっていた。初期の旅客飛行はフィリピンのマニラまでで，1937年には香港まで広げられ，そこから中国の国内路線に結ばれた。

この運航にも悲劇がつきものだった。1937年12月にニュージーランドからの実証飛行を行ったシコルスキーS-42が，空中で爆発し乗員6人が死亡した。その6カ月後には乗員9人と乗客6人を乗せたマーチンM-130が，グアムからマニラに向かっている際に行方不明になった。

1930年代の大英帝国の航空路線の拡張に，飛行艇は欠かせなかった。インペリアル航空は1935年に帝国航空郵便の要求に合うよう特別に設計された，優れたショートCクラス飛行艇に全幅の信頼を寄せていた。これには二つのタイプがあり，大西洋横断用がS.30で，9機がつくられた。これらは，大西洋横断には航続力が不足した以前のS.23と置き換えられた。ただS.23もイングランド

1927年10月28日，フロリダ州キーウエストからキューバ・ハバナへの初飛行を前に撮影されたパンアメリカン航空（パンナム）のフォッカーF.Ⅶ。この写真には，当時のパンナムの航空スタッフとグランドスタッフがほぼ全員写っている。

チャールズ・キングスフォード・スミスのフォッカーF.Ⅶ「サザンクロス」の前に並んだ，歴史をつくった4人の男たち。左から右に航法士のハリー・W・ライオン，第2操縦士のT・ウルム，パイロットのキングスフォード・スミス，無線操作員のジェームズ・W・ワーナー。

とオーストラリア間の郵便業務では成功を収めていた。「大英帝国」向けの飛行艇は42機がつくられ，その中の1機「カレドニア」は，1937年7月5日にハイスからリスボン経由，アゾレス諸島の大西洋横断飛行の路線調査で，最初の区間の飛行に用いられた。

大西洋を最初に制覇したのは，アメリカの飛行艇だった。大型のボーイング314は，飛行艇の技術を大きく伸ばした。パンアメリカン航空は6機を発注し，1939年5月20日に「ヤンキー・クリッパー」と名付けられた機体が，ニューヨークとフランスのマルセイユ間で就役した。6月28日には2番機の「デキシー・クリッパー」がポルトガルのリスボン経由で，ニューヨークとマルセイユ間の新たな旅客輸送を開始し，7月8日には「ヤンキー・クリッパー」がニューヨークとイングランドのサザンプトン間の旅客輸送を行った。ボーイング324は，まず6機がつくられ，それにパワーアップ型の314A 6機が続き，製造機数は12機になった。

この間にフランス，イタリア，ベルギーの航空家たちは，アフリカ大陸を徐々に開拓していった。1919

近代旅客機の先駆け
フォッカーF.Ⅶ-3mサザンクロス

チャールズ・キングスフォード・スミスの有名なフォッカーF.Ⅶ3発機「サザンクロス」。F.Ⅶは世界中に影響を及ぼし，KLMが最初に発注したのは5機という控えめの数だったが，その後250機以上が製造された。

フォッカーF.Ⅶ-3mサザンクロス
タイプ：民間単葉輸送機
推進装置：179kWのライト・ホワールウインド星形3基
巡航速度：170km/h
フェリー航続距離：追加燃料使用で2,600km
実用上昇限度：4,700m
搭載時重量：3,986kg
寸法：全幅19.31m
全長14.57m
全高3.9m

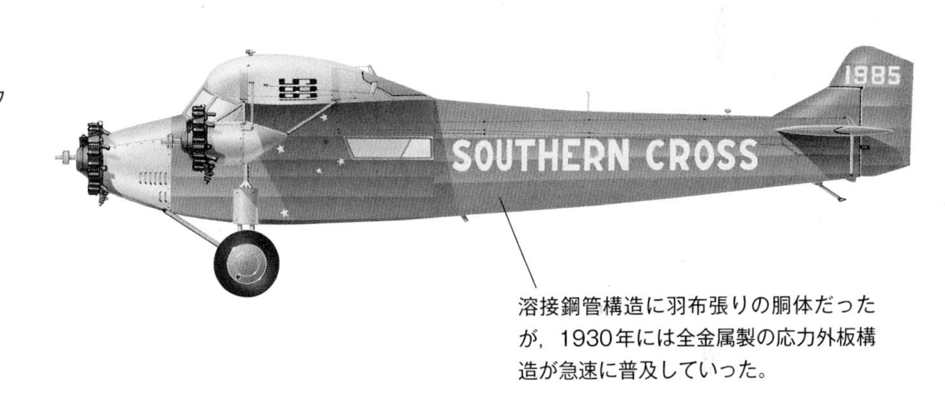

溶接鋼管構造に羽布張りの胴体だったが，1930年には全金属製の応力外板構造が急速に普及していった。

海洋航路の飛行
ショートS.23 Cクラス飛行艇

「クリオ」と名付けられたこのショートS.23エンパイア飛行艇（G-AETY）は1937年に，イングランドのサザンプトンからエジプトのアレクサンドリアへの路線で就航した。1940年7月には，イギリス空軍に徴用された。

ショートS.23 Cクラス飛行艇
タイプ：飛行艇
推進装置：686kWのブリストル・ペガサスXC星形4基
巡航速度：274km/h（高度1,676m）
フェリー航続距離：1,223km
実用上昇限度：6,095m
搭載時重量：18,370kg
寸法：全幅34.75m
全長26.82m
全高9.7m
主翼面積139.35m²

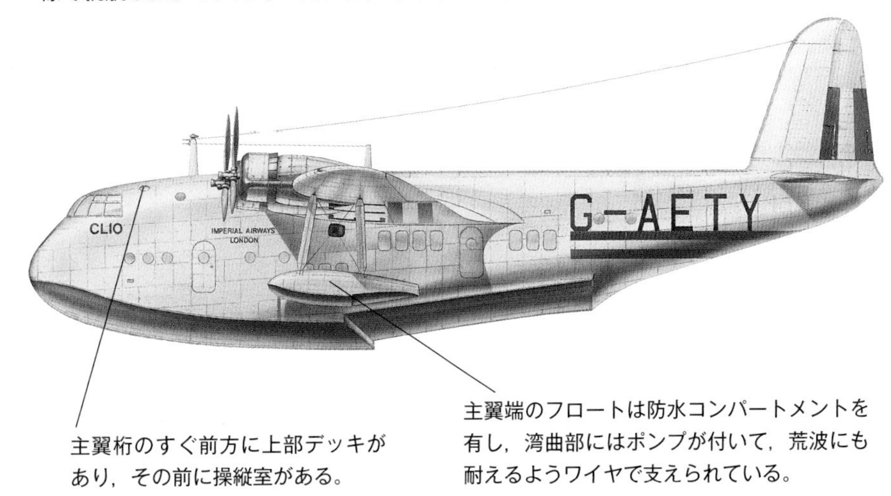

主翼桁のすぐ前方に上部デッキがあり，その前に操縦室がある。

主翼端のフロートは防水コンパートメントを有し，湾曲部にはポンプが付いて，荒波にも耐えるようワイヤで支えられている。

民間飛行艇技術に多くの進歩をもたらしたボーイング314。この機種は大西洋横断の旅客と郵便の定期輸送業務を切り開き，第二次世界大戦を通じても使われた。

年にブレゲーXIVなどの戦時余剰機により航空調査が始められ，1920年代終わりには，フランスは植民地に航空郵便ネットワークを確立した。ベルギーでは1931年に航空会社のサベナのフォッカーF.VIIが，ブリュッセルからコンゴへの定期旅客便の運航を開始した。それ以前にも多くの実証飛行が実施されており，ベルギーはハンドレページW.8eといったイギリスの航空機を使用し何度も試験飛行を行った。

国営航空会社

1926年にドイツで国営の航空会社が誕生した。ドイッチェ・ルフトハンザAG（のちに「ルフトハンザ」の1語になる）で，当初は8路線を

超大型のユンカースG.38の製造機数は2機だけに終わった。初号機のD-AZURは，1936年に離陸時に墜落し，2号機のD-APISはドイツ空軍が受け取り，1939年9月に輸送機として使用を開始した。

ユンカースJu52/3mは，1930年代において最も信頼性の高い航空機の一つだった。大陸間の運航や，時には威厳を保つため，1936年のベルリン・オリンピックの聖火をギリシャからベルリンへ運んだ。

運航した。その後3年間でルフトハンザはデンマーク，チェコスロバキア，ノルウェー，イタリア，スペイン，ロシア，イギリス，フランスへと翼を広げ，1930年にはブダペスト，ベオグラード，ソフィアを経由し，ウィーンやイスタンブールへの定期航空郵便も開設した。その翌年には，世界最大の陸上複葉機であったユンカースG.38が，ベルリンからアムステルダムとロンドンへの路線でデビューした。あらゆる種類の新型機の導入を続けたことで，ルフトハンザはヨーロッパの民間航空の牽引役となった。

最も有名な機種が3発機のユンカースJu52で，1932年にルフトハンザに就航した。231機が航空会社に引き渡されたが，1939年から1945年にかけて，その多くがドイツ空軍向けに運用された。ルフトハンザがワルシャワへの定期運航を開始した1934年末の時点では，38機が使用されていた。

しかし，その2年後には同クラスの航空機の中でも，群を抜いて民間航空の世界を新時代へと導く航空機が登場する。それがダグラス・DC-3である。

第6章
飛行の力

第一次世界大戦後の20年間に，主要国の軍では，技術の限界を知るため航続距離，滞空時間，高度，速度など，飛行記録への挑戦を可能にする強力なエンジンがつくられるようになった。こうした挑戦は将来の軍用および民間航空機の開発にとって極めて重要であり，中には記録の樹立に向けた専用機もつくられている。長距離飛行に関しては，この時期，イギリス空軍がリードしていた。1920年代半ば以降，イギリス空軍の海外での活動は，記録的な長距離飛行の連続であり，乗組員は困難な地形で膨大な航法経験を積むことができた。

1920年代から1930年代にかけて，航空開発の特徴である長距離記録の挑戦には，イギリス空軍の乗員や航空機が数多く参加していたが，真に重要な長距離作戦のほとんどは，過酷な条件下での航法技術の開発や新機材のテストのために行われたものである。その代表例として，1927年10月17日にイギリス空軍極東飛行隊（のちに第205飛行隊となる）に所属する4機のスーパーマリン・サザンプトン飛行艇がフェリックストウを出発した。目的は，長期間の運用に耐えられるか，サザンプトンの艇体強度試験のため第1便としての飛行だった。12月15日にそれらはボンベイに到着し，その後，16区間を飛行し12月27日にシンガポールに着いた。この間，13カ所に立ち寄った。1928年5月21日から9月15日にかけて，4機のサザンプトンが編隊を組み，シンガポールからシドニー間の往復飛行を29区間に分けて飛行した。最後に11月1日から12月10日の間は，マニラ，香港，トゥーラン（現ダナン）を訪れる極東ツアーを行い，拠点基地のシンガポールに戻った。イギリスを出発してからの総飛行距離は44,443kmだった。

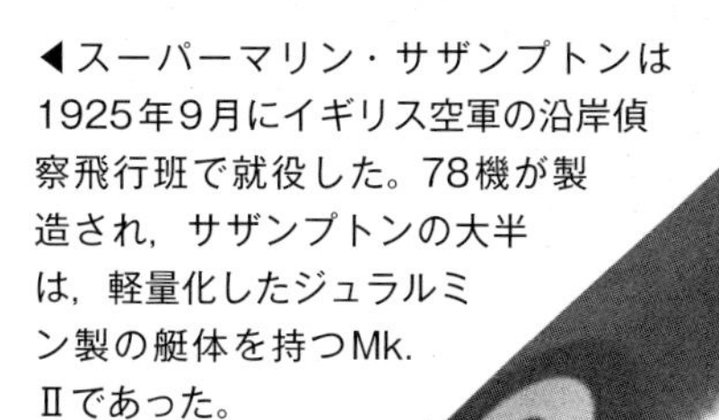

◀スーパーマリン・サザンプトンは1925年9月にイギリス空軍の沿岸偵察飛行班で就役した。78機が製造され，サザンプトンの大半は，軽量化したジュラルミン製の艇体を持つMk. Ⅱであった。

フェアリーの長距離飛行用複座単葉機は，使用可能なあらゆるスペースに燃料を積んだ。世界一周の無着陸飛行には失敗したが，ほかの距離飛行では記録を樹立した。

1929年からイギリス空軍は，無着陸長距離飛行の開発に多くの力を注いだ。この目的のため，フェアリー航空機が長距離飛行専用の複座単葉機を設計し，使用可能なすべてのスペースを燃料の搭載に充てた。この機体は1929年4月24日に，アーサー・G・ジョーンズ＝ウィリアムズ少佐とノーマン・H・ジェンキンス大尉が乗ってリンカンシャーのクランウェル基地を，世界一周無着陸飛行の達成に向けて飛び立った。しかし4月26日にカイロで着陸に失敗した。そこまでの飛行は50時間48分で6,688kmだった。その3年後に二人の航空士が，やはりフェアリー単葉機で長距離記録を試みたが，チュニス近くのアトラス山脈に墜落して死亡した。

滞空記録

1930年にイギリスでは，才能豊かな技術者のバーンズ・ウォリスが設計し，ヴィッカースがつくったR.100と航空省が製作したR.101の飛行船2機で，滞空時間記録の樹立に躍起になっていた。R.100は優れた設計であったが，R.101は1930年10月5日にインドに向かう最初の飛行中にフランスのボーヴェ近くにある丘の側面に墜落し，38人が命を落とすという悲劇に見舞われた。

ヴィッカースが設計したR.100とは異なり，R.101には政府の資金が投入されたが，最初から問題が多く，不幸な結果となるインドへの飛行は，許可されるべきではなかった。

威信をかけたR.101のインドへの飛行は，フランスのボーヴェ近郊の丘陵地に残骸が散らばる大惨事となった。この事故で38名の命が失われ，イギリスの飛行船開発は終焉を迎えた。

この事故後，R.100は飛行禁止となり，二度と飛び上がることはなかった。この当時，大型の民間硬式飛行船はまだ生き残っており，ドイツにもグラーフ・ツェッペリンの姉妹機であるヒンデンブルクがあった。しかしそれも，突然に終わりを迎えることになった。1936年5月6日，ヒンデンブルクはニュージャージー州レイクハーストで係留中に爆発，炎上したのである。奇跡的に62人が助かったが，35人が死亡した。

距離記録では，1929年にジョーンズ＝ウィリアムズとジェンキンスが新記録を樹立したが，それまではチャールズ・リンドバーグが保持していたものだった。1931年7月には二人のアメリカ人，ラッセル・ボードマンとジョン・ポランドがこの記録を破った。彼らは1933年2月6日にニューヨークからイスタンブールへの無着陸飛行で，8,000km以上を飛んだのである。1933年にはイギリス空軍のオズワルド・R・ゲイフォード少佐とギルバート・E・ニコレッツ大尉が，フェアリーの長距離単葉機で，それ以上の飛行を行った。

この機体（シリアル・ナンバーK1991）は，第7飛行隊を始めとするイギリス空軍の多くの部隊で試験され，ヴィッカース・バージニアで，長距離爆撃任務用の三つの高度計と自動操縦装置を備え，滑走ではローラーベアリングが使用され，重量7,700kgでの離陸を支えた。主翼内には3,780 Lの追加燃料タンクが取り付けられた。

クランウェルを離陸したK1991は，2月8日に57時間25分のノンストップ飛行を終えて，アフリカ南西部のウォルビス・ベイに着陸した。飛行距離は8,544.16kmで，平均速度は150km/hだった。2月12日にはケープタウンに飛行し，イギリスに戻る前に，新しいネイピア・ライオン・エンジンを搭載した。ゲイフォードとニコレッツによる無着陸飛行記録は1938年まで保持された。記録は1938年7月にロナルド・G・ケレット少佐の指揮のもと，イギリス空軍の長距離開発飛行隊の4機のヴィッカース・ウェルズレイ長距離爆撃機によって破られた。この飛行は，リンカンシャー州のクランウェルからペルシャ湾を経由して，エジプトのイスマイリアに向かうもので，直線での世界最長飛行記録を目指していた。

11月5日，3機の航空機がイスマイリアを離陸してオーストラリアに直行した。1機がやむを得ず，オランダ領東インドのティモール島のケオパンに着陸したが，残りの2機は悪天候の中，飛行を続け，直線距離で11,562kmを48時間で飛びきって，ダーウィンに到着した。

高高度飛行

また1930年代，イギリス空軍は数々の高度記録の樹立に成功し，そのためハンプシャー州ファーンボロに高高度飛行隊を編成した。その目的の一つは，将来の偵察活動を考え，パイロットが高高度飛行の環境にさらされても耐えられるかどうかを調べることにあった。使用された航空機はブリストルのタイプ138Aで，特別な任務用に設計されたものだ。この機体で，高度記録を樹立したパイロットは，フランシス・R・D・スウェイン少佐。1936年9月28日，ゴムと布地でつくられた特殊な与圧

ヴィッカース・ウェルズレイの試作機。自社資金で製作され，1935年6月19日に初飛行した。最大の特徴は，バーンズ・ウォリスがR.100飛行船の設計で初めて開発し適用した，ジオデティック（測地学的）構造の手法を取り入れたことだ。

ブリストルのタイプ138A単葉機は，高高度研究専用に開発された。偵察任務を遂行するためにパイロットがさらされる高高度環境での人間の能力を調査するのが目的だった。

服と，二重のプラスチック製フェイスプレートの付いた専用のヘルメットを装着し，ファーンボロを離陸し，高度15,223mに到達した。1937年にはイタリア人がこの記録を一度追い越しているが，同年6月30日にはタイプ13AがM・J・アダム大尉の操縦で16,440mまで上昇し，記録を奪還した。

1920年代から1930年代初頭にかけて，イギリス，アメリカ，フランス，イタリアで高性能エンジンが進化を続けたことが，記録飛行やトロフィの獲得飛行につながった。イギリスではロールスロイスとネイピアがこの分野で重要な先導的役割を果たし，また少なくとも初期には，フェアリー航空機が，高性能のエンジンとなめらかな機体を組み合わせることの利点を最も早く理解していた。

1923年9月にリチャード・フェアリーは，アメリカ海軍のパイロットであるデイビッド・リッテンハウスがカーチスCR-3複葉機で，ボーンマスで開催されたシュナイダー杯を獲得したのを見ていた。2位もまたCR-3で，どちらも298kWのカーチスD-12エンジンを装備していた。1924年にフェアリーは，このエンジンを調べるためにアメリカに渡った。フェアリーは一定数購入するのに十分価値があると判断し，すぐにこのエンジンを搭載する機体の設計に取りかかった。その結果，誕生したのがフェアリー・フォックスで，当時最もなめらかな軽爆撃機であり，同時代の戦闘機より，少なくとも80km/hは高速で飛行できた。

1923年にシュナイダー杯で優勝したカーチスCR-3競争飛行艇。もう一機のCR-3が2位となった。この勝利は，イギリスでの強力なエンジン開発の推進力となった。

シュナイダー杯は航空エンジンの発展に大きく寄与した。正しくはフランス語で「ラ・クプ・ダヴィアシオン・マリティム・ジャック・シュナイダー（ジャック・シュナイダー海洋航空杯）」というこの賞は，1912年に始まった。あらゆる国が150海里（277.8km）以上のコースを水上機で競い，シュナイダーが提供した賞金の総額は25,000フランだった。

水上機の速度記録

1927年にイギリスが，全空軍を上げて初めて競技会に参加した。そのために高速飛行隊が編成されたが，1928年4月までは非公式な立場だった。この間に2機のスーパーマリンS.5水上機が，1927年の競技会が行われるベネチアに送られた。2機はわずかに違いがあり，O・E・ウォースリー大尉が操縦するN219は直接駆動のネイピア・ライオンⅦBエンジンを，もう1機のN220（S・N・ウェブスター大尉が操縦）は同じエンジンのギア付型を装備していた。レースに勝利したのはウェブスターのS.5で，平均速度は453km/hだった。ウォースリーも2位に入り，ほかにこのコースを完走できたものはなかった。9月26日に行われた競技会では，ウェブスターが100kmの周回コースで456.49km/hという，速度世界記録を樹立した。

1928年に競技会は開催されなかったが，サフォーク州のフェリックスストウでデビッド・ダーシー・クレイグ大尉が高速開発飛行を行った。彼はこの年にS.5で514.28km/hという水上機でのイギリス記録を打ち立てた。そして1929年に，航空省はチームを再びシュナイダー杯のレースに送り込むことにした。スーパーマリン・アビエーションの工場では，才能のある若手技術者のレジナルド・ミッチェル率いる設計チームが新型機S.6を開発していた。S.5よりもいくぶん大型で，1,414kWのロールスロイス“R”競技用エンジンを装備した。グロスター航空機も1,044kWのライオンⅦDエンジンを装備するグロスター・ネイピアを開発していたのだが，エンジンに問題があり脱落した。結果，S.6の1機を操縦した，H・R・D・ワッグホーン中尉が，速度575.65km/hで競技会に優勝した。9月12日，高速飛行隊パイロットの一人であるA・H・オルレバー飛行隊長が，この機体（N247）を操縦し575.65km/hという水上機の世界新記録を達成した。

永遠のトロフィ

シュナイダー杯は2年に1度の開催となったが，1931年初頭にイギリス政府はコストを理由に，空軍の参加費を補助しないと発表した。このニュースは大きな反響を呼び，2年連続で勝利していたイギリスが，もし3連覇ができればそのトロフィは永遠に保有されるため，関係者からは苦々しく受け取られた。最終的には偉大な愛国者，ヒューストン婦人が100,000ポンドを提供した。新しく設計するには時間が足りなかったので，ミッチェルが既存のS.6の2機を改修し，大型のフロートを装着してS.6Aと改名した。その後，既存の機体をベースに，エンジンをより強力な1,752kWのロールスロイス“R”にして，2機の新型機を製作し，こちらはS.6Bと名付けられた。

しかし，突然イギリスに，競技会が行われないとの報せが届いた。イタリアでは航空機の製作が間に合わず，フランスも試験中に開発機が墜落し，パイロットが死亡していた。それにもかかわらず，イギリスは1932年9月13日に「競技会」を開催した。S.6Bを操縦したJ・W・ボースマン大尉は，50kmのコースを平均速度547.3km/hで7周した。同日午後にはG・H・スタインフォース少尉が別のS.6Bで610km/hの平均速度を記録し，さらに15日後の9月29日にスタインフォースは，655.78km/hの絶対速度記録を樹立した。

レジナルド・ミッチェルの設計と

ネイピア・ライオン・エンジンを動力としたスーパーマリンS.5。写っているのは，ベネチアで開催された1927年のシュナイダー杯で優勝した陸軍航空軍団のS・N・ウェブスター大尉。

S
1595
E

ロールスロイス"R"エンジンを動力として，J・W・ボースマン大尉の操縦で1932年9月13日に永遠のシュナイダー杯をイギリスにもたらしたスーパーマリンS.6B。

優れた航空機用エンジンの組み合わせにより，トロフィがイギリスに戻り，永遠に保持されることとなった。スーパーマリン社のレース用水上機は，高速の空力と大推力エンジンの開発に貢献し，10年間の大きな変革の時代にイギリスは生き残ることができた。

1930年代最初の3年間，イギリス空軍の中心的な戦闘機は，ブリストル・ブルドッグだった。10個飛行隊が装備し，最高速度は290km/h（180mph）で，従来の戦闘機よりもはるかに高速であった。イギリスの複葉戦闘機の典型だったホーカー・フュリーは，おそらく当時最も美しい航空機である。ブリストル・ブルドッグはイギリス最後の複葉機で，開放式コクピットを備えたグロスター・ガントレットと置き換えられた。この時点で就役の開始は1935年の予定だったが，新しい単葉戦闘機の開発がすでに行われており，それが戦闘機の設計に劇的な変化をもたらすことになった。ロールスロイスの新エンジンであるマーリンを装備し，前例のないコルト・ブローニングの7.7mm機関銃8丁を武装する。「この武装の採用は，精力的に行ったキャンペーンの結果である」と，航空省第1飛行運用部のラルフ・ソーリー少佐がのちに記述している。

7.7mm機関銃と12.7mm機関銃，そしてフランスはもちろんヨーロッパのどの国からも注目されていた新しい20mmのイスパノ機関砲の中から選ぶことになった。この機関砲は1934年に試作され，その性能の詳細はなかなか明らかにならなかった。試験では7.7mm機関銃がヴィッカースの機関銃よりも良かった。一方，ヴィッカースよりも優れた7.7mm機関銃の設計が数年前からテストされており，その結果，コルト・オートマチック・ウェポン社のアメリカ製ブローニングが発射速度の観点から最も優れた可能性を秘めていると思われた。

「我々の独自開発では，この口径の銃がいいが，発射速度が遅い。しかし経済的観点では，第一次世界大戦から使っている旧式のヴィッカース機銃が大量に残っている。新しい銃を大量に導入するには，財政的にも製造的にも大きな負担となる。一方で，12.7mmはまだほとんど開発されておらず，威力は大きいが発射率は低く，また重い。弾薬も合わせると，かなりの重量になる。1933年～1934年の論議は悪夢だった。どれを選択するかは，戦闘機のコンセプトにかかっており，地上の試験段階では，当時の搭載能力も考えると，7.7mmを8丁の方が効果的で満足できるものだった」とされている。

受け入れ難い兵器

そうでなければ，イギリス空軍の新世代単葉戦闘機は，4丁の機関銃というまったく不十分な武装で戦争に突入していたかもしれないからで

デンマーク空軍塗装のグロスター・ガントレット。多くのガントレットMk. Iが1936年から1938年にかけてデンマークでライセンス生産された。1940年にはイギリス空軍のガントレットが練習機として使われた。

ホーカーの複葉戦闘機
ホーカー・フュリー

第43飛行隊（“ファイティング・コックス”）の印である白と黒のチェッカーを付けたホーカー・フュリー。これまでにつくられた中で最も美しい機種の一つであり，ハリケーン単葉機へと発展していった。

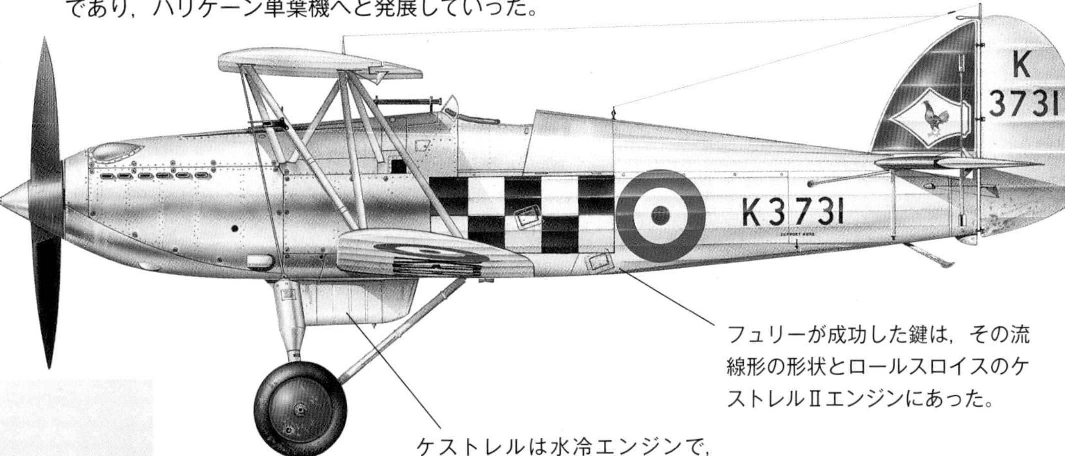

ある。実際にそうなったタイプもあったが，それは複葉機のグロスター・グラディエーターだった。1937年2月に就航したこの機体は，第二次世界大戦の初期にヨーロッパと北アフリカの両方で活躍した。

最初の単葉戦闘機は航空省の要求書F.36/34に合わせて，シドニー・カムの主導で開発されたホーカー・ハリケーンである。738kWのマーリン“C”エンジンを動力に，1935年11月6日に初飛行し，1936年3月にマートルシャム・ヒースで運用試験を開始した。ホーカーはこの試験の成功に確信を抱いており，航空省が発注する前に1,000機の製造準備にかかり，実際に1936年6月には，まず600機の受注を獲得した。その初号機はマーリンⅡエンジンを装備するかどうかの決定が遅れたことで，1937年10月12日の初飛行となり，バッチ1の生産機は11月にノーソルトの第111飛行隊に配備された。

そのほかに機関銃8丁を装備して設計されたのが，スーパーマリン・スピットファイアである。シュナイ

ホーカー・フュリー Mk. I

タイプ：単座戦闘迎撃機
推進装置：392kWのロールスロイス・ケストレルⅡS 12気筒V型ピストン・エンジン1基
最大速度：333km/h
フェリー航続距離：491km
実用上昇限度：8,535m
空虚重量：1,190kg；最大離陸重量：1,583kg
武器：前方射撃用のヴィッカースMk.Ⅲ 7.7mm機関銃1丁
寸法：全幅9.14m
全長8.13m
全高3.1m
主翼面積23.41m^2

K6132
K6132
"Aeroplane" Photo. 7199.

K6132は，イギリス空軍に引き渡された最初の量産型グラディエーターで，1937年2月22日にヨークシャーのチャーチ・フェントンに所在した第72飛行隊に配備された。同飛行隊は，1939年4月までグラディエーターを使用し続けた。

ダー杯を競った水上機S.6から発展したもので，レジナルド・ミッチェルが指揮するチームが設計した。試作機は1936年3月5日に初飛行し，ハリケーンと同様にロールスロイスのマーリン“C”エンジンを動力にした。ハリケーンの契約と同じく1936年6月に航空省がスピットファイアに310機の量産契約を与え，1938年8月にダックスフォードの第19飛行隊に初めて引き渡された。1939年9月まで，さらに8個のスピットファイア飛行隊がつくられ，ほかに2個の補助飛行隊（第603，第609）が実用機の訓練を行った。

アメリカでは液冷エンジンのカーチスD.12が成功を収めていたにもかかわらず，ライトとプラット&ホイットニーに代表されるエンジン・メーカーは，将来の戦闘機用エンジンとして，星形エンジンの開発に集中していた。両社とも第二次世界大戦の軍用機の発展に大きく貢献した。特に重要な太平洋戦域では，その信頼性で目を見張る評判を獲得していった。一方で1939年末にはアメリカでも直列エンジンがつくられ，アリソンV-1710は初期型のカーチスP-40やノースアメリカンP-51の動力として使われたが，信頼性は低かった。実際に後期型のP-51マスタングは，ロールスロイス・マーリンをライセンス生産したパッカードに変更し，優れた機体フレームとエンジンの組み合わせを完成させた。

ドイツでも1930年代初めに航空機エンジンの開発が急速に進み，ダイムラー・ベンツ，ユンカース，BMW，ジーメンス・ハルスケの4社がその中核だった。前者の2社は逆V字の液冷型を，後者の2社は空冷星形を開発した。またダイムラー・ベンツは，V字を形成するシリン

ハリボマーと戦車破壊者
ホーカー・ハリケーン

1941年には傑出した迎撃機となっていた，マーリンを動力とするハリケーンは，ヨーロッパ，アジア，アフリカで貴重な戦闘爆撃機としても使われた。

ホーカー・ハリケーンMk. I

タイプ：単座戦闘機
推進装置：768kWのロールスロイス・マーリンⅢ 12気筒V型エンジン1基
最大速度：521km/h
フェリー航続距離：716km
実用上昇限度：10,120m
空虚重量：2,308kg；最大離陸重量：3,024kg
武装：7.7mm前方射撃用機関銃8丁を主翼前縁内に装備
寸法：全幅12.19m
全長9.55m
全高4.07m
主翼面積23.97m²

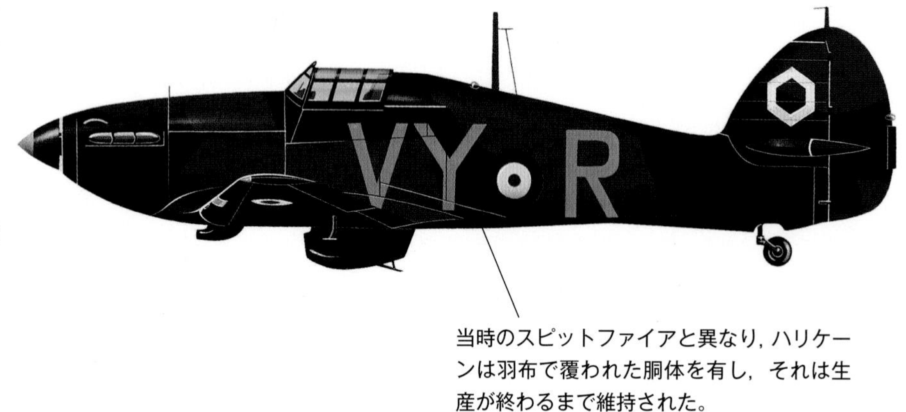

当時のスピットファイアと異なり，ハリケーンは羽布で覆われた胴体を有し，それは生産が終わるまで維持された。

マーリン・エンジンを装備した名機
スーパーマリン・スピットファイアMk.IA

スーパーマリン・スピットファイアMk.VA

タイプ：単座戦闘機/迎撃機
推進装置：1,103kWのロールスロイス・マーリン45 V型ピストン・エンジン1基
最大速度：594km/h（5,945m）
フェリー航続距離：1,827m
実用上昇限度：11,125m
空虚重量：2,267kg；搭載時重量：2,911kg
武装：7.7mmのブローニング機関銃8丁。1丁当たり弾薬350発
寸法：全長9.12m
全幅11.23m
全高3.02m
主翼面積22,48m²

ロールスロイスのマーリン・エンジンは，常に改良が加えられてパワーを増し，スピットファイアはBf109やFw190に先んじていた。

スピットファイアの弱点の一つは，外側に引き込む主脚の狭い轍間距離で，着陸や地上走行を難しいものにした。

シャークマウスの鷹
カーチスP-40トマホークMk.ⅡB

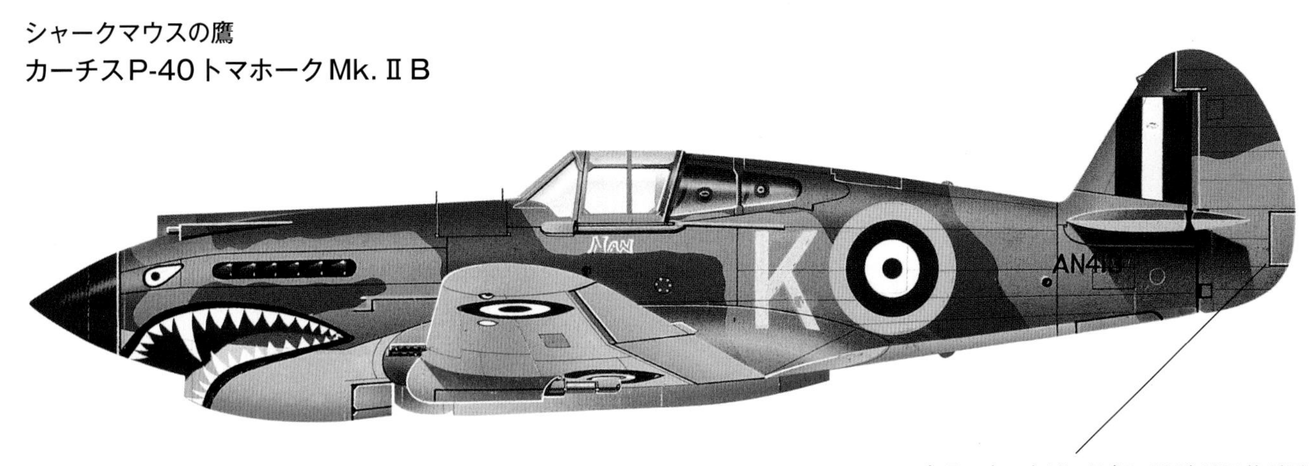

キティホークMk.Ⅱ（P-40F）は胴体が延長され，昇降舵ヒンジの後方に方向舵ヒンジを置いたことで，運動性が高まり，操縦性も向上した。

カーチスP-40は第二次世界大戦を通じて，連合軍の航空部隊で広く使われた。P-40の愛称は三つあり，A～C型を「トマホーク」，D～E型を「キティホーク」，F型以降を「ウォーホーク」と呼んだ（イギリスではF型以降もキティホークと称した）。イラストは，1942年に北アフリカ戦線に展開した，イギリス空軍部隊の砂漠空軍第12飛行隊のマーキングが描かれたP-40Eキティホーク。P-40Nウォーホークは徹底した軽量化が施され，シリーズの中で最も多く生産された機体である。

カーチスP-40Nウォーホーク

タイプ：単座迎撃・戦闘機
推進装置：1,015kWのアリソンV-1710-81直列ピストン・エンジン1基
最大速度：609km/h（3,210m）
フェリー航続距離：386km
実用上昇限度：11,630m
空虚重量：2,724kg；搭載時重量：4,018kg
武装：主翼内に12.7mm機関銃6丁，胴体下に227kg爆弾あるいは197L増槽の搭載が可能
寸法：全幅11.42m
全長10,20m
全高3.77m
主翼面積21.95m^2

ダー・ブロック内に20mm機関砲を装備し，プロペラ減速ギアの鍛造軸内から前方射撃が行える方式を開発した。この配置はスーパーチャージャー（過給器）の位置を変えるという予想外の影響を及ぼし，キャブレター（気化器）を通常とは異なる実用的ではない位置に押しやってしまった。

設計者はさまざまな方式を試みたが最終的にキャブレターを分散し，シリンダーに直接燃料を吹き付ける複数ポイント燃料噴射システムを適用した。これによりダイムラーのエンジンは，ロールスロイスのマーリンとは異なり，どのような戦闘行動においても能力を発揮し続けることができた。一方で，ロールスロイス・マーリンは，背面飛行や，敵機に向けてパイロットが急降下するといったマイナスG飛行時に，キャブレターが影響を受け，エンジンが停止する傾向があった。

近代的な空軍

ドイツは1922年からソ連（旧ソビエト連邦）の支援を受け，極秘裏に再軍備を進めており，常時，士官候補生がソ連でさまざまな軍事訓練を受けていた。その多くがドイツによる完全な統制の下，リペツクにつくられた飛行学校に進んだ。

1933年にドイツでアドルフ・ヒトラーとナチス党が政権を取り，公然と再軍備計画に着手したとき，彼らが最初に考えなければならなかった問題は，近代的な航空部隊の創設に関するものだった。それはドイツがまだ武装されておらず脆弱で，軍事大国としての復活を阻止するために，周辺国から予防戦争を仕掛けられる可能性に直面していたからだ。ヒトラーが最も恐れていたのは大規模な軍隊を持つフランスだった。したがって，ドイツ空軍は，イギリスのように戦略爆撃機を核とするのか，フランスのように戦闘機の傘に守ら

ハインケルHe111の試作3号機であるD-ALESは，量産型の先行機であり，最初の爆撃機型でもあった。He111は，標準的な片持ち式の低翼主翼と，完全な引き込み式降着装置を有した。

れた戦術地上支援機を核とするのか，選択の余地がなかったのである。

設計者のエルンスト・ハインケルは，再軍備計画に必要な，あらゆるタイプの航空機を設計・製造するという意欲的な姿勢により，急速に主導的な地位を獲得していった。小型で流線形をした複葉戦闘機の試作機がHe51で，1933年中頃に初飛行し，全部で700機がつくられた。それに続きドイツ空軍に就役したのがアラドAr68複葉機で，1934年夏に試作機が誕生した。

ハインケルは単葉戦闘機He100を提案したが退けられ，彼の作品で最も記憶に残るHe111に進んだ。He111は1934年に高速輸送機として設計されたが，ドイツ空軍は秘密裏に爆撃機にすることにしていた。試作機のHe111a（のちにHe111 V1）は492kWのBMW Ⅵエンジン2基を搭載し，1935年2月24日に初飛行した。続いて1935年3月12日には2号機（V2）も初飛行した。このD-ALLY

は主翼幅を縮小し，後縁を直線にした輸送機型だった。この機体はルフトハンザに引き渡され「ロストク」の名前で運航され，のちに偵察任務に使用されるようになった。He111 V3（D-ALES）は，さらに全幅を狭めた爆撃機型で，量産型の111Aとなる先行機だった。

ドイツ航空省はHe100を，ライバルの ウィリー・メッサーシュミットが設計した戦闘機の方が良いとして排除した。こうして開発されたのがBf109で"Bf"の記号は，この機種を1933年に最初に製造したババリアの航空機工場であるバイエリッシェ・フルグツウェルケにちなんだものだ。

試作機のBf109 V1は1935年9月

ハインケルHe51は，アラドAr68とともにドイツ空軍の標準戦闘機となった。He51はスペイン内戦で広く使われ，ドイツ空軍の多くの撃墜王がこの機種を操縦していた。

スピットファイアが挑んだ相手 メッセーシュミットBf109

メッサーシュミットBf109G-6
タイプ：単座戦闘軽爆撃機
推進装置：1,100kWのダイムラー・ベンツDB605AM 12気筒逆V型エンジン1基
最大速度：621km/h；高度5,700mまでの上昇時間6分
フェリー航続距離：1,000km
実用上昇限度：11,550m
空虚重量：2,673kg
最大離陸重量：3,400kg
武装：20mm/30mmの固定式前方射撃用機関砲1門をエンジン内，13mm前方射撃用機関銃2丁を前方胴体内に装備，機外爆弾搭載重量250kg
寸法：全幅9.92m
全長8.85m
全高2.50m
主翼面積16.40m²

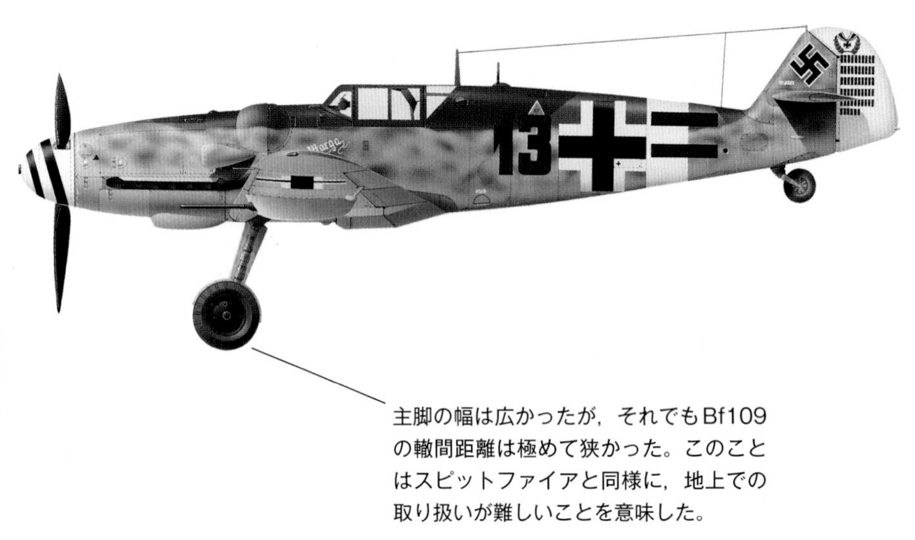

主脚の幅は広かったが，それでもBf109の轍間距離は極めて狭かった。このことはスピットファイアと同様に，地上での取り扱いが難しいことを意味した。

に初飛行したが，予定していたエンジンの445kWのユンカース・ユモ210Aが間に合わなかったため，皮肉なことに518kWのロールスロイス・ケストレルを装備した。ユンカース・ユモ210Aエンジンは，1936年1月に飛行した試作2号機に搭載された。

戦闘機の戦術

ウィリー・メッサーシュミット博士は，当初Bf109の薄く弱い主翼に機銃を内蔵しないことを考えていた。しかし，スピットファイアやハリケーンが8丁もの機銃を装備する計画であることを知ったドイツ空軍高等司令部は，Bf109にも主翼に機銃を装備するように決めた。こうしてメッサーシュミットは20mm機関砲と弾薬を収める，膨らみのある新しい主翼の設計を余儀なくされた。Bf109の試作機3機は1937年2月と3月にスペインで評価され，続いて24機のBf109B-2が開発され，スペイン内戦に参加したほかのどの戦闘機よりも優れていることがすぐに証明された。このスペインでのBf109の実戦使用により，第二次世界大戦初期にドイツ空軍が敵に大打撃を与えた戦闘機の戦術を開発できた。

1939年春，ナチス党のプロパガンダ機関は，Bf109の派生機である109Rが世界の航空速度記録を達成したという情報を流したが，これは真っ赤な嘘だった。この航空機は新設計のMe209で，速度記録を達成するため特別につくられた。1939年4月26日に755.138km/hを記録し，これは，その後1969年8月にグラマンのF8Fベアキャットに破られるまで，30年以上も続いたピストン・エンジン機の記録である。1938年8月1日に初飛行したMe 209は，不細工な小型機で，パイロットからは飛ばすのが大変だといわれていた。Me 209は4機が製造され，2機目は墜落して失われた。

1936年から1939年にかけてのスペイン内戦で，ドイツは，ナショナリスト派（フランコ将軍の右派）に対して武器や義勇兵を送り，主要な役割を果たした。対するロイヤリスト派・共和国派は，ソ連から支援を得たものの大幅に劣勢であった。ソ連の航空の発展は，内戦の余波の影響もあり，遅々として進まず混沌としていた。真の技術的な進展は1930年代に入ってからだ。民間航空の活動が民間航空隊監督官の指揮下になったときに始まり，3月25日に国営航空会社としてアエロフロートが設立された。これにより新しい輸送機の設計が国内で進み，アエロフロートは国内路線に順次導入されるようになった。しかし国際線に関しては1939年はまだ，モンゴルとアフガニスタンへの運航しか就航していなかった。とはいえ，ソ連の航空家や航空機は，北極圏で重要な長

難しく，危険で，高速 メッサーシュミットMe209

メッサーシュミットMe209
タイプ：ピストン・エンジンの競争/試作戦闘機
推進装置：1,397kWのダイムラー・ベンツ603G液冷直列エンジン１基
最大速度：678km/h
実用上昇限度：11,000m
空虚重量：3,339kg；搭載時重量：4,085kg
武装（戦闘機型計画）：30mmのMK108機関砲１門，13mmのMG131機関銃２丁
寸法：全幅10.95m
全長9.74m
全高4.00m
主翼面積17.20m^2

世界速度記録樹立のためにつくられたMe209は，飛行するのが難しく，危険な航空機であった。この機体の機首のエンブレムは，神話に登場するタッツェルヴルム（ミミズのような竜）。

Me209は単発機による世界速度記録樹立を第一に考えた機種であり，戦闘に使用することはまったく考慮されていなかった。

距離開拓飛行をいくつも行って記録を打ち立てていた。また，第二次世界大戦の影響でアメリカへの輸送業務計画は頓挫した。

大きな一歩

軍事航空の分野では，1930年代にソ連が大きな進歩を遂げた。ポリカルポフ設計局は，有名なI-15を製作し1933年10月に初飛行させた。固定脚で複葉のI-15は，上翼がガル翼で良好な前方視界を有し，エンジンはアメリカのライト・サイクロンをライセンス生産した559kWのM-25で，354km/hの最大速度を出

ポリカルポフI-15bis（I-152）では，パイロットの視界が改善された。1937年から大規模生産が行われて，上翼が設計変更により幅が増され，車輪は通常，投棄された。

6-155

1933年に初飛行したフィアットCR.32は，CR.30の発展型で，よく似ていたが，速度は格段に向上していた。スペイン内戦では，ナショナリスト派側で広く使われた。

せた。武装は7.7mm機関銃4丁で，主翼の下に小さな爆弾を装備することもできた。

1934年には，エンジンを改良型M-25にしたI-15bisがつくられ，最大速度は370km/hに上昇した。さらにポリカルポフは降着装置を引き込み式にしたI-153を製作したが，初期型の最大速度は386km/hしかなく，ほかのヨーロッパ主要諸国で就役を開始した新型機には及ばなかった。「チャイカ（かもめ）」とも呼ばれたI-153はその独特な形状の上翼で戦闘機としては優れた能力を有し，格闘戦では多くの敵機を旋回能力で上回っていた。この機種はソ連でつくられた最後の単座複葉戦闘機となった。

I-15が登場した2カ月後の1933年12月31日に，ポリカルコフの新型戦闘機が初飛行した。主翼内に7.7mm機関銃2丁を装備し，358kWの大型M-22エンジンを動力とした低翼単葉のI-16である。I-16は世界で初めて量産された単葉機で，引き込み式の降着装置を備えていた。1938年にI-16は主翼にタイプ17機関銃2丁を装備して試験を行った。このタイプは大量生産され，1940年に製造を終えるまでに計6,555機のI-16がつくられている。

I-16はスペイン内戦を皮切りに，多くの実戦経験を得た。この機種が最初にスペインで戦闘に参加したのは1936年11月15日。バルデモロ，セセーニャ，エクイビアスに進撃するナショナリスト派に対する，共和国派の攻勢に上空支援を行った。I-16は，共和国派からは「モスカ」，ナショナリスト派からは「ラタ（ネズミ）」の愛称で呼ばれ，He51よりもはるかに優れていた。また，ナショナリスト派のどの航空機よりも高速だったが，イタリア製戦闘機のフィ

ツポレフSB-2の前に並んだソ連の爆撃機乗員。SB-2は優れた設計の爆撃機で，スペイン内戦で実戦使用が試された。この写真は，1941年にレニングラード戦線で撮影されたもの。

アットCR.32は機動性でI-16を上回り，射撃プラットフォームとしてより優れていることを知らしめた。

スペイン内戦で活躍したソ連の作戦航空機には，1930年代中頃の当時では間違いなく世界で最も能力が高い軽爆撃機だった，ツポレフSB-2があった。世界で初めて近代的な応力外板構造を有し，製造機数でも当時のソ連にとって最重要な爆撃だった。“SB”はロシア語の高速爆撃機の頭文字で，A・N・ツポレフが高速戦術爆撃機の研究を始めた1930年代初めにこの機種の物語が始まった。公式な要求性能は受け入れ難いと考えたツポレフは，空軍の技術局の仕様書に基づいた2機の試作機と，独自の仕様で1機，計3機の試作機を製作した。これらの試作機はANT-40，ANT-40-1，ANT-40-2と名付けられ，全機とも1934年に飛行した。最も優れていたのはツポレフ独自仕様のANT-40-2だった。このタイプの量産が開始されて1936年に就役し，1941年の生産終了までに6,976機がつくられた。

日本の進歩

1930年代初期，ソ連と日本は爆撃機と単葉戦闘機の開発ではほぼ同じレベルにあった。日本は陸軍と海軍の要求が異なるため，開発機種が多かった。たとえば，三菱A5M(九六式艦上戦闘機)と中島キ27(九七式戦闘機)は，ともに星形エンジンを採用した単葉の固定翼戦闘機だった。どちらも就役期間は短かったが，その利点は実戦で試された。

1937年に中国への進出を本格的に開始すると，日本は即座に沿岸都市を攻略し，中国軍を揚子江まで退却させた。初期段階では航空戦の主体は海軍に任せ，陸軍機の役目は，満州国境線沿いの地上作戦の航空支援に限られていた。海軍は攻勢的な航空戦を遂行していた。第一線の戦闘機隊は，三菱A5Mを装備し，艦上攻撃機部隊は航空技術廠B4Y(九六式艦上攻撃機)を，そして陸上攻撃機部隊は双発の三菱G 3M(九六式陸上攻撃機)を装備した。

日本海軍の三菱A5M(九六式艦上戦闘機)は，1935年に初飛行した日本初の低翼端用戦闘機である。日本のパイロットはキャノピーを好まず，外していた。

フランスの設計

モンゴルフィエ兄弟が気球を飛ばして以来，航空の発展に大きな役割を果たしてきたフランスだったが，政治の優柔不断さと産業界の不安定さから，1930年代には不振に陥っていた。それまで就役していたパラソル翼複葉機に代わる航空機の要求が1930年に出されて，フランス初の片持ち式低翼単葉の全金属製機D.500シリーズがつくられた。ハンサムだったこのD.500は，1932年6月18日に試作機が飛行し，発展型のD.510も1934年8月に初飛行した。

フランス初の引き込み脚を備えた単葉戦闘機がモラーン・ソルニエMS.405で，その量産型のMS.406は1939年1月に初飛行した。MS.406は頑丈で，機関銃2丁を装備していた。1939年8月までに225機が納入されて4個戦闘航空団に配備されたが，この機種は，総合的な性能でイギリスやドイツの戦闘機，ホーカー・ハリケーンやメッサーシュミットBf109に劣った。この当時，フランスの第一線戦闘機はアメリカのカーチス・ホーク75Aしかなかった。こちらは1938年5月に100機を発注し，1939年に受領した。つまるところ，フランス産業界はドイツの戦闘機生産に追いつく力がないことが明らかにされ，フランスはホーク75A-2を100機，ホークA-3を135機，追加発注した。

1939年にフランスの二つの部隊がこの機種を装備し始め，8月末には100機のホークが運用された。爆

D.510の最初の量産型。1932年6月18日に初飛行した試作機D.500とはわずかに異なっており，フランスの戦闘機設計が大きく前進したことを示している。

第二次世界大戦中のイタリアの主力爆撃機となったサボイア・マルケッティ SM.79スパルビエロ（ハイタカ）。特に連合軍の船団に対する雷撃機として非常に優れた性能を発揮した。

1939年にハワイのオアフで撮影された，アメリカ陸軍航空隊第18追撃航空群第19追撃飛行隊のボーイングP-26C。“ピーシューター”の愛称で呼ばれたP-26は，1942年のフィリピンでの戦いでも使われた。

撃機の開発もかなり遅れていたものの，リオレ・エ・オリビエLeO45のような最上級の機種が就役しつつあったが，数がそろうまで時間がかかることが見込まれた。

ローマの独裁者ベニート・ムッソリーニは，イタリアの軍事力を強大なものにしようと夢見ていた。イタリアはヨーロッパ列強の中で最初に，再軍備政策を断行し，第一次世界大戦の教訓から，実用的な戦闘航空機を設計してつくることができる航空産業を設けることにした。

1930年代初め，イタリアの中心的な戦闘機はイターロ・バルボ航空相が出した「スーパーファイター」の要求に応じて設計されたフィアットCR.30で，この機種は1932年3月5日に初飛行した。1934年春までに121機のCR.30が引き渡され，すぐにより洗練されたCR.32が続いた。1933年に登場したCR.30は，驚くほど高速で運動性に優れ，スペイン内戦でも大いに使われた。そして次の複葉機となるフィアットCR.42に置き換えられた。

しかし，1930年代の戦いで効果が限定的だったイタリア航空部隊の爆撃機戦力は，機種や機数の面でも，連合軍と互角に渡り合えるものでは決してなかった。たとえばその中心的な機種は，民間機の設計に豊富な経験を持つサボイア・マルケッティによる3発機である。その一つがSM.73であり，これは片持ち式でテーパー翼の低翼単葉機で，18人乗りの旅客機の設計を活用していた。この機種の軍用機型がSM.81ピピストレッロ（コウモリ）で，1935年に就役し，イタリア空軍の爆撃機を大きく進化させた。高速で十分に武装され，航続距離も長く，1935年10月にアビシニアで始まったイタリア軍の軍事行動で使用され，1936年8月からのスペイン内戦でも実戦に使用された。旅客機から発展したサボイア・マルケッティのほかの爆撃機としてはSM.79があり，これも3発機だった。

単葉戦闘機

フランス空軍が装備したカーチス・ホークをプロデュースしたアメリカは，1932年3月に初飛行したボーイングP-26によって，単葉戦闘機の道を切り開いた。アメリカ陸軍航空隊への量産型P-26Aの引き渡しは1933年末に始まり，パイロットたちはすぐに，この小さな戦闘機に親しみを込め，“ピーシューター（豆鉄砲）”の愛称を付けた。

アメリカ陸軍航空隊が最初に装備した近代的な戦闘機は，セバスキーP-35で，1935年にアレクサンダー・カルトベリによって設計された。1935年8月に初飛行し，76機が量産され，1937年7月から1938年8月にかけて陸軍航空隊に引き渡された。1938年10月にはカーチスP-40ウォーホークが初飛行した。

P-40と同時に出たのがベル社のP-39エアラコブラで，1938年4月にオリジナル型機が初飛行した。P-39は機首の最先端にプロペラ軸を通して射撃する37mm機関砲があり，エンジンはパイロットの後部に搭載されていた。もう一つの特徴は，当時としては革新的な3脚式降着装置だった。

P-39には多くの改修が加えられ，必ずしもそのすべてが改善につながったとはいえないが，1939年8月に大量生産に入るまで改良は続けられた。

アメリカ陸軍にとって1930年代中期の標準爆撃機は，マーチンB-10だった。ヨーロッパでつくられた爆撃機に比べると，すぐに旧式

完全に密閉される爆弾倉と，引き込み式の降着装置を有したスムーズでなめらかなマーチンB-10の形状は，設計者が公式要求を完全に満たすことを目指した結果である。

化したが，1932年に初めて登場した当時としては進歩的な機種だった。アメリカ最初の全金属製の爆撃機で，大規模な量産が行われた。また，アメリカで初めてターレット式で武器を装備した機種でもあり，アメリカ陸軍航空隊最初の片持ち式低翼単葉機だった。アメリカ陸軍航空隊はB-10を151機と，その改良型であるB-12を装備した。

この分野で偉大な改善があり，陸軍航空隊が長距離高高度昼間爆撃機の要求を出した。ボーイングがモデル299と名付けた試作機は，559kWのプラット＆ホイットニーのホーネット・エンジン4基を装備し，1935年7月28日に初飛行した。のちに事故で失われてしまったが，その原因は人的ミスとされ，計画はそのまま続行され，ボーイングB-17フライング・フォートレスという，あらゆる時代を通じて有名な爆撃機となった。そのライバルは，コンソリデーテッドB-24で，リベレーターという愛称が付けられた。

コンソリデーテッドB-24は，さまざまな作戦や訓練に対応できるよう，数多くつくられた。その製造機数は，第二次世界大戦中のアメリカのどの航空機よりも多い18,431機で，航空史上最も多く納入された爆撃機である。

ドイツの猛攻

1930年代も終わりに近づき，世界の注目はナチス・ドイツとソ連に挟まれたポーランドに集まった。1939年8月末にポーランド空軍は436機程度の航空機を保有していた。ポーランドの戦闘機飛行隊は，1934年に初めて引き渡されたPZL P.11を装備していた。P.11の多くはスコダがライセンス生産したブリストル・マーキュリー・エンジンを装備し，最終版として175機がつくられた。

P.11は主要な軍備拡張計画で，低翼端用の戦闘機P-50ヤストレブ（鷹）と置き換えられることになっていたが，軍事予算の削減により300機のP-50は発注が取り消され，代わりにP.11をさらに購入することとなった。

同様な運命をたどったのは，双発の複合任務重爆撃機として計画されたウィルク（狼）である。これは重長距離戦闘機と急降下爆撃機の二つの役割を持つはずだった。唯一の近代的な爆撃機としてPZL P-37ロス（ヘラジカ）が就役したものの，つくられたのはわずかに60機だった。

これらは，1939年9月1日の夜明けとともに開始されたナチスによるポーランド侵攻に耐えるには，不十分だった。

空の要塞
ボーイングB-17F
フライング・フォートレス

このイラストはB-17Fで，戦時中のアメリカ陸軍航空軍第303爆撃航空団第359爆撃飛行隊のコードが書き込まれている。

B-17は信頼性の高いターボチャージャー付きのサイクロン・エンジンを動力とした。

B-17は，13丁の機関銃という重武装で守られた。脆弱な下面は，球形ターレットと二人の射撃手によってカバーされていた。

ボーイングB-17G
フライング・フォートレス

タイプ：10座重爆撃機
推進装置：895kWのライトR1820-97 9気筒星形エンジン4基
最大速度：528km/h（8,138m）；3,048mまでの上昇時間：17分
フェリー航続距離：2,897km
実用上昇限度：10,850m
空虚重量：16,317kg；最大離陸重量：30,873kg
武装：12.7mm機関銃を機首下面ターレットと胴体背部，胴体左右，尾部ターレットに装備，爆弾搭載量5,806kg
寸法：全幅31.63m
全長22.78m
全高5.82m
主翼面積131.91m^2

ポーランドのガル翼戦闘機
PZL P.11

P.11はポーランドのPZL（国立航空機メーカー）が開発した機体で，ポーランド空軍が使用した最終発展型がP.11cである。イラストはPZL P.11fで，1935年～1937年にルーマニアで約80機がライセンス生産され，1941年の対ソ連戦で投入された。

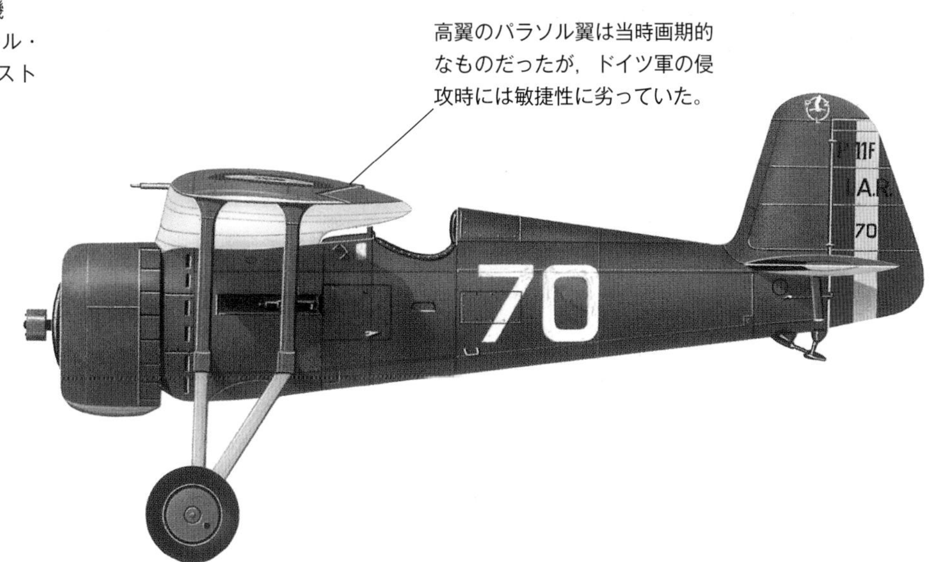

高翼のパラソル翼は当時画期的なものだったが，ドイツ軍の侵攻時には敏捷性に劣っていた。

PZL P.11c

タイプ：単座単葉迎撃機および軽攻撃機
推進装置：373kWのスコダ製ブリストル・マーキュリーVS.2星形ピストン・エンジン1基
最大速度：390km/h（高度5,500m）
初期上昇率：5,000mまで6分
最大搭載時戦闘行動半径：700km
実用上昇限度：8,000m
最大離陸重量：1,800kg
武装：7.92mm機関銃2丁
寸法：全幅10.72m
全長7.55m
全高2.85m
主翼面積17.90m^2

T UB

第7章
第二次世界大戦の航空：電撃戦と爆撃

1939年3月までにドイツがチェコスロバキアを分割すると，イギリスとフランスの両政府にとって，ナチス・ドイツへの宥和政策がもはや通用しないことが明らかになった。遅まきながらイギリスとフランスは，ドイツとイタリアからなる枢軸国に対する共通の防衛政策を打ち出すため，会合を持った。ドイツがチェコスロバキアを占領後，1939年4月にはアルバニアに侵攻し，さらにポーランドを攻撃すればイギリスとフランスが戦争に巻き込まれる可能性が大きくなってきた。

イギリス遠征軍（BEF）と航空部隊，そして爆撃機司令部の飛行隊からなる前進航空打撃軍（AASF）の編成が決定された。イギリスの飛行隊はフランスの飛行場などの施設を完全に使用でき，そこから無制限にドイツの基地を爆撃できることになった。その数カ月後には，イギリス空軍飛行隊をどのように使うのが最適か，イギリスとフランスは意見が分かれた。

その問題は，ベルリンのドイツ空軍最高司令部がドイツ東部の飛行場に向け，信号を発した1939年9月1日午前4時になっても解決していなかった。その暗号文「オストマルクフルグ」は，ポーランドに猛攻撃を開始する指示だった。

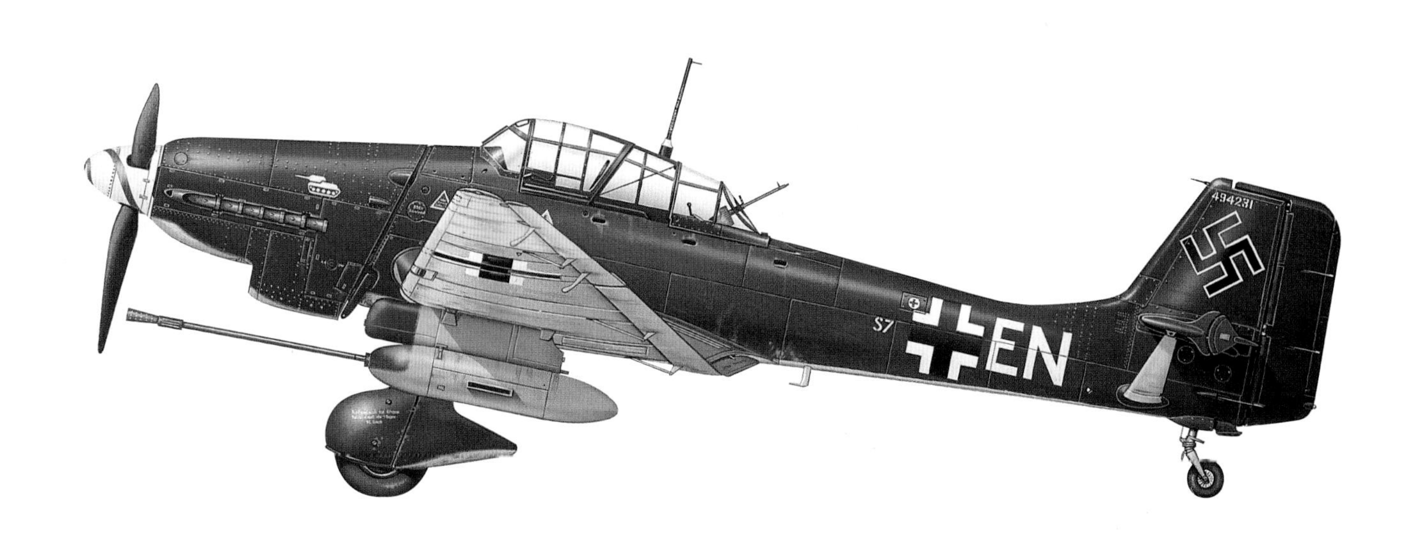

◀オーストラリア空軍第455飛行隊のハンドレページ・ハンプデン。もともとは爆撃機コマンド向けの機体だったが，のちには雷撃任務で沿岸コマンドに移された。

第二次世界大戦の開戦当初，ドイツ軍の急降下爆撃機として活躍したのがユンカースJu87スツーカである。急降下の際に発生するサイレンのような音が，敵軍兵士を震え上がらせたという。しかし，空戦には非常に脆弱であったことから，イギリス軍の戦闘機に多くを撃墜された。イラストのJu87は対戦車攻撃用の機関砲を備えたG型である。

編隊飛行を行うブリストル・ブレニムMk.Ⅳ爆撃機。このMk.Ⅳは機首を設計変更していた。第二次世界大戦の初期には，ほぼ自殺的といえる昼間爆撃に駆り出されて，大量の死傷者を出した。

午前4時45分，ドイツ陸軍が前線から侵攻を開始する15分前に，ユンカースJu87急降下爆撃機が，ディルシャウ近くの鉄道橋を攻撃して電線を切断し，陸軍の任務部隊が渡河する先鞭を付けた。ドイツ軍のポーランド侵攻作戦では，まずポーランドの飛行場や戦略拠点を大規模に空襲し，その後，敵地の奥深くまで機甲部隊を投入するという戦術が採られた。これらの機甲部隊よりも先に急降下爆撃を行って，戦車のための道を切り開き，通信線を攻撃する。頭上ではドイツ空軍の戦闘機が残ったポーランド空軍と戦う。これがドイツの近代戦争の概念である。この概念には名前が付けられ，「電撃戦」と呼ばれた。この概念はすでにスペイン内戦の戦場で，実戦的にテストされ証明されていた。

フィンガー・フォー

この当時，世界の空軍は主翼同士を近づけた編隊を組んで戦っていたが，ドイツ空軍のパイロットは，自由な機動が妨げられて戦いにはまったく適していないと考えた。そこで彼らは，戦闘機を2機1組に分けて約180mの間隔を取り，リーダーの後ろを2番機がカバーするという2組で一つの編隊を考え出した。これが「フィンガー・フォー」で，連合軍も同様のパターンを使うようになった。この名称は，編隊が右手の手のひらを裏返したときの指先の位置になることから付き，さらにペアは飛行高度に差を付けることで四方八方をカバーできることから世界中に広まっていった。

ポーランド空軍は強力なドイツ空軍を前になす術がなかった。敵対行動が始まった時点で，140機の戦闘機を含む約450機を有していたが，そのほとんどが旧式なPZL P.11で，メッサーシュミットには歯が立たなかった。

ポーランド空軍は，9月17日までの時点で自軍の戦闘機が敵機126機を撃ち落としたと主張したが，航空機の83％を失っており，実質的にほぼ戦力を失っていた。さらにドイツとの合意で，ソ連（旧ソビエト連邦）軍が東側から侵攻を開始していた。

ドイツ空軍は制空権を得て，9月25日にはポーランドの首都ワルシャワに組織的な攻撃を行い，がれきの山を築いた。その2日後，希望を失ったポーランドの首都は，陥落した。国が崩壊を迎える前に，多くのポーランド人兵士とパイロットが国を逃れ，戦争が終わるまで連合軍で勇敢に戦った。

この戦いでドイツの勝利に大きな貢献を果たしたのが，ユンカースJu87スツーカである。スツーカとはドイツ語の“Sturzkampfflugzeug”（シュトゥルツカンプフルークツォイク：急降下戦闘航空機）の略称で，第二次世界大戦の急降下爆撃能力を持つすべてのドイツ爆撃機に当てはまるが，Ju87の固有名詞になっている。Ju87は美しいとはいえない胴体形状に逆ガル翼を組み合わせ，目標に向けて急降下する際にはジェリコのラッパと呼ばれるサイレンから不気味な音を発した。

比較試験

1931年に出された急降下爆撃機の要求に応じて設計されたJu87は，1928年のK-47複座高性能単葉戦闘機から発展したものである。1937年3月にJu87V2が，レヒリンのドイツ空軍試験センターに送られ，ほかの3機種との比較審査で，優先的に選ばれた。ユモ210Daエンジンを使った先行量産型VJu87A-0がつくられたのち，量産に入りJu87A-1が第162急降下爆撃航空団第Ⅰ連隊“インメルマン“に配備された。この部隊は1937年に運用戦術の開発を任務とした。スツーカの初期型は主として訓練に使われ，1939年に第二次世界大戦が勃発すると，1938年からつくられていた，より強力な820kWのユモ211Daを装備する改良型のJu87Bが生産の主体となった。

ポーランドの崩壊後，連合軍とドイツ軍は1939年秋から冬にかけて，フランスとドイツの国境で対峙することになった。両軍はまずマジノ線

イギリス空軍爆撃機コマンドで有名な機種の一つ，ヴィッカース・ウェリントン。航続力は劣るが，自己支援着地構造により，大きな損害を受けても耐空性を維持できた。

ブリストル・ブレニムの試作機。ブレニムは，新聞社を所有したロザミーア子爵向けに設計された高速要人輸送機ブリストル142“ブリテン・ファースト”から発展し，試作機のブレニムMk. Ⅰは,1936年6月に初飛行した。

で空軍の小競り合いを起こし，イギリス空軍とドイツ空軍が互いに相手の海軍を攻撃した。イギリス空軍最初の任務は，イギリスがドイツに宣戦布告後の9月4日に行われ，10機のブリストル・ブレニムがウィルヘルムスハーフェン沖の敵艦艇を攻撃した。

ブレニムは数年前に実用化されている戦闘機では最高速との触れ込みで開発された機種であった。機体は8席の旅客機ブリストル・タイプ142から発展したもので，1935年に航空省がブレニムMk.Iの名称で150機を発注した。1936年12月に試験が終わると，追加で434機が発注された。ブレニムの初号機は1937年3月に，第114飛行隊に引き渡され，戦争勃発時にはMk.I爆撃機が中東と極東に配備され，本土の飛行隊は改良型のMk.Ⅳに更新中だった。

大圏構造

イギリス空軍が初期に使用したもう一つの主力爆撃機が，ヴィッカース・ウェリントンである。設計したのはR.100飛行船を担当し，のちにルール・ダムを破壊する機雷を考案したバーンズ・ウォリスだ。前作のヴィッカース・ウェルズレイと同様に機体には大圏構造と呼ばれる「バスケット織り」工法が取り入れられ，これにより荷重をあらゆる方向に分散し，機体フレームの間にかかる力を自動的に等化し，構造自体で負荷の安定化を図った。ウェリントンは軽量かつ頑丈で，戦闘で大きな損傷を受けてもそれを吸収できた。ペガサスXXエンジン2基を搭載したウェリントンMk.Iの初号機は，1937年12月23日に初飛行し，爆撃機コマンドの第9飛行隊が1938年12月に初めて受領した。第二次世界大戦勃発時にイギリス空軍が装備していたウェリントンは，ペガサス・エンジン装備のMk.IとMk.IAだった。

さらに，ハンドレページ・ハンプデンとアームストロング・ホイットワース・ホイットレーという2機の爆撃機が加わって，戦争初期のイギリス空軍爆撃機コマンドの装備が整った。運動性には優れているが，

アームストロング・ホイットワースのホイットレーは，第二次世界大戦開戦時にはイギリス空軍の主力重爆撃機であった。極めて長い航続距離性能を有し，薬剤の投下などといった特殊任務でも有益な機種だった。

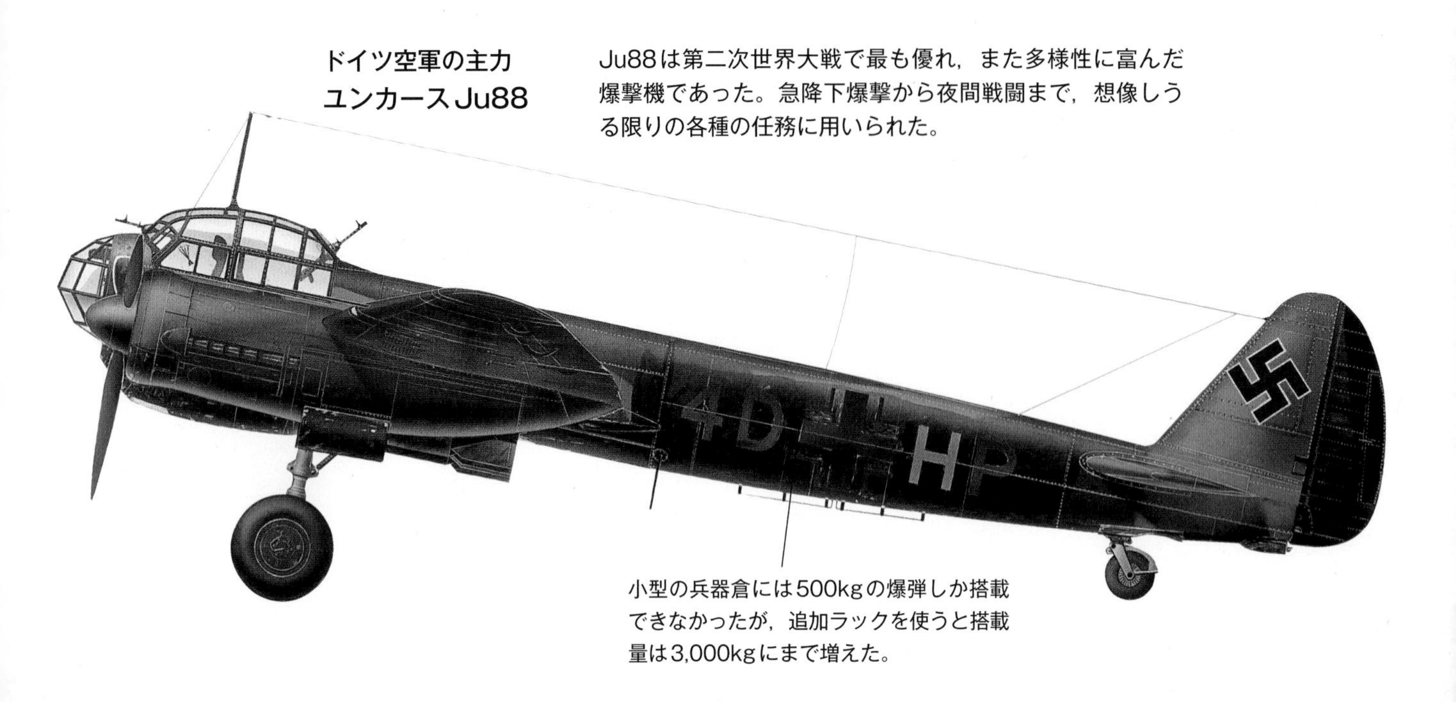

ドイツ空軍の主力
ユンカース Ju88

Ju88は第二次世界大戦で最も優れ，また多様性に富んだ爆撃機であった。急降下爆撃から夜間戦闘まで，想像しうる限りの各種の任務に用いられた。

小型の兵器倉には500kgの爆弾しか搭載できなかったが，追加ラックを使うと搭載量は3,000kgにまで増えた。

ユンカース Ju88A-4

タイプ：4座の中型および急降下爆撃機
推進装置：1,000kWのユンカース・ユモ211J 12気筒液冷エンジン2基
最大速度：470km/h（5,300m）
フェリー航続距離：2,730km
実用上昇限度：8,200m
空虚重量：9,860kg；搭載時重量：12,105kg
武装：7.92mm機関銃4丁，爆弾1,400kg
寸法：全幅20.00m
全長14.40m
全高4.85m
主翼面積54.50m²

武装が貧弱だったハンプデンは，1937年6月に初飛行した。1938年9月，1,430機のハンプデンMk.I初号機の納入が開始された。ホイットレーの試作機は1936年3月17日に初飛行し，まず34機のホイットレーMk.Iがつくられ，1937年3月に第10飛行隊に引き渡された。戦争中にホイットレーの中核となるタイプはMk.Vで，1,446機がつくられた。第二次世界大戦勃発時のイギリス空軍のホイットレー戦力は207機で，初期にはその長距離飛行能力を生かして，ドイツへのビラ散布にも使われた。

ブレニムとウェリントンの飛行隊は，ドイツ北部の港湾に対する昼間爆撃に用いられたが，大きな損失を出した。そのため，爆撃機司令部は攻撃を夜間に切り替えた。一方，ドイツは日中の攻撃を継続した。スコットランドのイギリス海軍の基地に対する攻撃には，ドイツ空軍の最新爆撃機であるユンカースJu88が投入された。当時製造された中で最も多機能で効率的だったJu88は，第二次世界大戦を通じて，ドイツ空軍で重要な機種であり続け，爆撃，急降下爆撃，夜間戦闘，近接航空支援，長距離重戦闘，偵察，雷撃などの用途にも使われている。Ju88の初号機は1936年12月21日に，746kWのDB600A直列エンジン2基で初飛行し，試作2号機はほぼ同じ推力のユモ211A星形エンジンを装備した。その後のほとんどの機体が，このエンジンを装備している。先行量産型のJu88A-0は1939年夏に完成し，試験部隊の第88試験航空団に引き渡された。この部隊は1939年8月に第25爆撃航空団第I飛行隊となり，その後間もなく第30爆撃航空団第I飛行隊に変わり，9月にフォース湾のイギリス軍艦艇を攻撃した。この年の末には約60機が作戦態勢を取っていた。

1940年にドイツはデンマークとノルウェーに侵攻し，5月10日にはノルウェーと戦いながらフランス南部にも侵攻を始めた。運命の日にドイツの爆撃機は，日の出から日没までにベルギー，オランダ，フランス

の国内にあった，72の連合軍飛行場を攻撃した。

侵攻開始から3日間で，アルデンヌを抜けて，マーストリヒトとトンゲレンに架かる橋を通って前進してくる敵の機甲部隊の大軍に対し，イギリス空軍とフランス空軍は必死の攻撃を行っていた。

恐るべき喪失

連合軍の喪失は恐ろしいほどで，フェアリー・バトル軽爆撃機を装備していたイギリス空軍の前進打撃軍（AASF）の飛行隊は，初日だけで64機を前線に送り込み，そのうち23機を失った。2日目の終わりにはブレニムの2個飛行隊が全滅した。5月12日には，第12飛行隊の5機が，マーストリヒトの橋に対して自殺ともいえる攻撃を行い，すべてが「フラック」と呼ばれるドイツの対空火器や戦闘機に撃墜された。

5月14日，セダン近くのマース川を越えて進軍してくるドイツ軍に対し，前進打撃軍は残っているすべての航空機を投入して橋頭堡を攻撃するよう求められた。そこで63機のフェアリー・バトルが，騒然とした戦闘状況の中に出撃したが，35機は帰投できなかった。また，フランスの爆撃機も5月末までに大きな被害を出しており，攻撃を続けられる状態ではなくなっていた。

セダンを陥としたドイツ戦車部隊は，ベルギーとフランス北部をすさまじい速度で駆け抜け，フランス海

フェアリー・バトル軽爆撃機は，パワーも兵装も不充分だった。フランスのイギリス空軍前進打撃軍が装備したが，対空火器と戦闘機の双方により，甚大な損失を被った。

第二次世界大戦の初期に，敵航空機を破壊した補助空軍第603“シティ・オブ・エジンバラ”飛行隊のスーパーマリン・スピットファイアMk. I。

峡の沿岸に達した。5月23日，フランドル地方にいた連合軍の陸軍部隊は明らかに，絶望的に追い詰められていた。この日，イギリス遠征軍はダンケルクに撤退を開始し，ドイツ戦車部隊は海峡沿岸のグラヴリーヌに達し，側面を回り込んで北進しようとしていた。

24時間後に戦車部隊はいったん停止した。ドイツ空軍司令官ヘルマン・ゲーリングが，連合軍の対抗勢力の主要な脱出港を空軍だけで制圧できるとしたためである。しかし実際にはこのとき，ドイツ空軍はそれができる位置には配置されていなかった。第8飛行軍団のスツーカが，ベルギーからフランスにかけて機甲部隊を支援していたものの，すでに激しく疲弊していた。一方でドイツ空軍の中型爆撃機や戦闘機は，いまだにドイツ内部の基地で活動していた。ダンケルクや主要な港は，イギリス南部の戦闘機基地から容易に到達できたので，スツーカは強力な反撃を受ける可能性が出てきた。

日々の警戒

5月25日にスツーカは，その洗礼を味わうことになった。カレー上空で15機がスピットファイアの攻撃を受け，4機が撃墜されたのである。その翌日にドイツ空軍は，ダンケルクに対し，最初の大がかりな攻撃を行った。イギリス空軍の戦闘機コマンドは連日，ハリケーンとスピットファイアの16個飛行隊による日常的な監視を続けていた。それから9日間は，あちこちの海岸上空で空中

バトル・オブ・ブリテン時に撮影された第242飛行隊のハリケーンMk. I。第242飛行隊は有名な「義足」の撃墜王ダグラス・ベーダーが指揮した飛行隊で，タングミア航空団である。

He111を整備する地上クルー。この爆撃機は，大ブリテン島に対する昼夜間の攻撃の中核的存在で，戦いが進展するにつれて装甲と火器が向上していった。

戦が繰り広げられ，イギリス空軍は177機を失い，ドイツ空軍もそれに匹敵する損害を出した。損害はほぼ同等だったが，ドイツ空軍が初めて損失を出し，前年のポーランド攻撃以来，確保してきた制空権を事実上失った。一方で，イギリス空軍もイギリス南部上空で大きな損害を出したことは，その後長らく精神的に悪い影響をもたらした。

ダンケルクの戦いの後，ドイツ空軍はソンム川を挟んで，南側のフランス陸軍と戦うドイツ陸軍を支援するため，約3週間激しく戦い続けた。フランス空軍は，海軍航空隊の支援を受けて最後まで果敢に戦ったが，燃料や弾薬，補給品などが不足し，ドイツ軍の進軍の前に撤退を余儀なくされた。1940年6月22日に停戦が合意されると，フランスのパイロットは北アフリカに逃れ，のちに自由フランス軍として戦った。

強力なイタリア軍とドイツの前に，たった一国で立ち向かったイギリスは，イタリアが6月10日に連合軍に宣戦布告したこともあり，新首相のウィンストン・チャーチルが声明を出し，自由諸国に響き渡った。

「ウェイガンド将軍の言うフランスの戦いは終わった。“バトル・オブ・ブリテン”が始まろうとしているのだ……」

歴史上初めて，一国の運命は，夏空に刻まれる曲がりくねった蒸気の痕跡と，地球の上空で死闘を繰り広げる若者たちによって，決定される

空飛ぶ鉛筆
ドルニエDo17Z

ドルニエDo17Zは，フィンランド空軍も使用した。この機体は，戦後の青と白の丸印をつけているが，それ以前の記章は白地に青の鉤十字だった。

ポーランドでの戦いでは多くの戦闘機を上回ったDo17Zだったが，バトル・オブ・ブリテンでは高速機との戦いになった。

細長い円筒形の胴体をしたDo17には，すぐに「空飛ぶ鉛筆」のあだ名が付けられた。

こととなったのである。

ダウディングのシステム

その後，イギリスはダウディング・システムという防空システムを構築することとなる。1936年，イギリス防空部隊が解体され，いくつかの組織に変わった。その一つが戦闘機コマンドである。同年7月14日，ミドルエセックスのベントレー・プライオリティに司令部が開設された。主要な下部組織は，イギリス南部および南西部を担当地域とする，第11戦闘機群（司令部はアックスブリッジ）で，もう一つは，1937年4月に設立された第12戦闘機群（司令部はノッティンガムシャーのウンタール）である。のちに第10戦闘機群（ウェールズとウェストカントリーを担当）と，さらに北部とスコットランドをカバーする第13戦闘機群がつくられた。

戦闘機コマンドの指揮官に選ばれたのは，ヒュー・キャズウェル・トレメンヒーア・ダウディング中将だった。ヨーロッパの戦争が加速する中で，彼の指揮の下，世界で最も洗練された防空システムが構築された。その中心となった装置が，のちに知られることになるレーダーである。

レーダーは無線探知および測距（Radio Detecting And Ranging）の頭文字をつなげた略号で，時には無線方向探知と誤解されることもあるが，イギリスの防空について，委員会が1934年に電波による敵爆撃機の探知調査を行ったのが開発の発端である。この委員会は「防空の科学的調査のための委員会」と呼ばれ，王立科学・技術大学の学長で，1914年～1918年の第一次世界大戦でパイロットだったヘンリー・ティザードが委員長を務めた。42歳の才気あふれる科学者ロバート・ワトソン＝ワットは，委員会で検討された多くの選択肢にあった，殺人光線という空想的な考えを即座に否定。電波を使って航空機を破壊するのではなく，探知することが可能であるという論文を発表した。

ワトソン＝ワットの理論が科学的に実証された9カ月後に，ティザー

ドルニエDo17Z

タイプ（Do17Z-2）：4/5座の中型爆撃機
推進装置：746kWのBMWブラモ323Pファフニール9気筒単列星形エンジン2基
最大速度：410km/h
フェリー航続距離：1,500km
実用上昇限度：8,200m
空虚重量：5,200kg；最大離陸重量：8,590kg
武装：可動式7.92mm機関銃1または2丁を機首風防と胴体背部および下面に装備，機内爆弾搭載量1,000kg
寸法：全長15.8m
全幅18.00m
全高4.6m
主翼面積55m²

ユンカースJu88はドイツ空軍で最も重要だった機種の一つで，戦争中に15,000機が製造された。

ドの委員会は，最初の会合を持った。委員会はサザンプトンからニューキャッスルまでの沿岸を結ぶ無線方向探知網をつくることを推奨した。

1939年の夏までに160kmに及ぶ探知網が設置され，さらに，高度915m以下を飛ぶ目標を捉えられるチェーン・ホーム・ロー（低高度網：CHL）と名付けられたもう一つの探知網がそれを補った。イギリス空軍の航空機は小型の送信機を装備し，管制官が敵機か否かを見極める，敵味方識別装置として使用した。

早期警戒

ダウディングの指揮の下，さまざまな要素がまとめられた。敵の攻撃を早期に警告するためのレーダー基地，沿岸を越えた敵機の動きを追跡するための監視隊，戦闘機司令部，戦闘群本部，重要な情報を飛行隊に伝達する，戦闘区基地にある同一の指揮所。イギリス南部という脆弱な地域で，郵便局の多大な努力により

第210試験航空群のメッサーシュミットBf110。この部隊は元々，不成功に終わったMe 210を評価するために編成されたが，バトル・オブ・ブリテンではBf110を運用した。

設置された電話とテレプリンター回線で緻密に結ばれた作戦室のスタッフにより，戦闘区から戦闘区へ，戦闘群から戦闘群へと戦闘機を移動させることができる柔軟なシステム，8連装の機銃を装備した戦闘機の飛行隊，そしてそれらを飛行させるための補給システムである。

歴史の定めるところでは，バトル・オブ・ブリテンはドイツ空軍がイギリス海峡で船団を攻撃した1940年7月10日に始まり，17週間続いた。実際には，もっと前から行動を開始していた。フランスの戦いがまだ続いていた6月5日からドイツ空軍は，イギリスの東および南東沿岸「周辺」の目標を攻撃した。攻撃自体にほとんど効果はなかったが，ドイツ側の主目的は，爆撃機部隊がイギリスの防空をくぐり抜ける経験を積むことにあった。

6月30日にドイツ空軍の司令官ヘルマン・ゲーリング元帥は，イギリスを航空機で強襲する計画を出した。ドイツ空軍の主目標はイギリス空軍で，特に戦闘機部隊の飛行場と工場だった。

イギリス空軍の戦闘機コマンドの態勢はまだ崩れておらず，そこが破壊されない限りドイツ空軍の最優先事項は地上でも空中でも，いかなる機会も逃さずに攻撃することだった。そうすれば，ドイツ空軍はイギリス侵攻の前段階として，イギリス海軍の造船所や作戦港湾など，ほかの目標に目を向けられる。

7月初め，ゲーリングは航空指揮官にイギリス海峡の船団攻撃を命じた。イギリスの海運力と，戦闘機コマンドの双方に打撃を与える二重の目的があった。しかし，ニュージーランド人で，イギリス南東部の戦闘機コマンド第11航空軍を率いていたキース・パーク中将は，非常に抜け目のない指揮官で，貴重なハリケーンとスピットファイアを少数だけ投入して，その罠にかからなかった。船団への攻撃は，7月から8月第1週にかけて続き，ドーバー海峡で激しい空中戦が繰り広げられた。この段階で，イギリス空軍は124機を失い，対するドイツの損失は274機だった。

総攻撃

7月末にヒトラーはゲーリングに対して，ヒトラー自身の飛行隊を使い，イギリス空軍の戦闘機飛行場，航空機および航空機エンジン工場のすべてに猛攻撃を行うよう命令した。この攻勢には「アドラー・アングリフ（鷲の攻撃）」のコードネームが付けられた。ゲーリングには3個航空隊があり，そのうち2個はフランスと南方諸国に，1個はデンマークとノルウェーに配置しており，全部で3,500機の爆撃機や戦闘機があった。そのうち2,250機程度が使用可能だった。

海峡の反対側では，戦闘機コマンドの司令官であるヒュー・ダウディング中将が620機のスピットファイアとハリケーンを含む704機の稼働可能な戦闘機を用意していた。当初，イギリス空軍の戦闘機パイロットは約1,000人だったが，戦いが終わるまでに3,000人以上にまで増えていた。多くのパイロットはイギリス生まれだったが，ポーランド，チェコスロバキア，ベルギー，フランスといった，ドイツに支配された各国からも集まり，まだ戦争に参加していなかったアメリカからも来ていた。それらの一部には，ダンケルク以前のヨーロッパでの戦いで経験を積んだベテランもいたが，多くは学校卒業まもない10代後半か20代前半の若者だった。全員が恐怖と大きなストレスを経験した。520人が命を落とし，そのほかに燃料タンクが爆発してひどい火傷を負った者などがいた。そして，1940年の慌ただしい盛夏，イギリスの収穫場の上空で，彼らは歴史の流れを変えることになる。

1930年代初頭，ヒトラーの台頭によりドイツ空軍が編成されたが，指導者たちは長距離戦略爆撃については真剣に考えることはなかった。その結果，爆撃機は陸軍への戦術的支援を任務にした。この概念はスペインの内戦において，新型機を実用試験的に投入することで実証された。また，ポーランド，ノルウェー，フランスでの戦いでも，限られた戦闘機にはうまく機能した。しかし，バトル・オブ・ブリテンでのイギリス空軍戦闘機の断固たる攻撃の下では，話は違ってくる。ユンカース

1940年のイングランド南部上空に残された多くの軌跡。ドイツ空軍とイギリスのハリケーンおよびスピットファイアによる格闘戦闘の激しさを物語っている。

バトル・オブ・ブリテンで，ハリケーンで緊急発進待機を行っている第601“カウンティ・オブ・ロンドン”飛行隊のパイロット。実際には，これは撮影のための演出だが，パイロットが直面している危険は現実である。

Ju87が装甲師団の先鋒としてポーランドや西ヨーロッパを破壊して突き進んでいたとき，それらはハリケーンとスピットファイアに壊滅的に葬られ，わずか数回の作戦で引き下がっていった。ドルニエDo17やハインケルHe111，ユンカースJu88といった双発爆撃機は，航続距離と爆弾搭載量に限りがあった。また装甲も貧弱で，防御火器も不充分だった。これらは戦闘機コマンドとの対決では問題だった。追加装甲や機銃を増やしたが，機体重量が増えて航続距離が短くなり，爆弾搭載量も減った。

この戦いに，2種類のドイツ戦闘機が投入された。一つは，メッサーシュミットBf109で，優れた戦闘機だった。一方，双発のメッサーシュミットBf110は成功を収められなかった。パイロットと後部射撃手が乗り組むBf110は，5丁の機関銃を装備していたが，スピットファイアとハリケーンの機動性には敵わず，大きな損害を出した。ただしBf110は戦争末期のドイツ上空で，夜間戦闘機として成功を収めている。

この戦いにおいて，イギリス空軍戦闘機コマンドの中核だったのは，ホーカー・ハリケーンだ。より魅力的なスピットファイアの陰に隠れがちだが，撃墜した敵機の80%はハリケーンによるものだ。戦いが始まった7月初旬に戦闘機コマンドでは，ハリケーンは29個飛行隊に装備され，スピットファイアは19個飛行隊に装備された。スピットファイアはハリケーンより高速で，より機動性に優れたが，ハリケーンの方が頑丈だった。

どちらの戦闘機もロールスロイスのマーリン・エンジンを搭載し，7.7mmコルト・ブローニング機関銃8丁の「調和の取れた」射撃で，銃弾は230m前方の目標を撃墜した。2秒の射撃で総重量4.5kgの銃弾が目標に向かい，十分に致命傷を与えられた。

戦いの重要な局面は，1940年8月25日から9月6日にかけて起こった。この2週間で戦闘機コマンドは103人が戦死，128人が重傷を負い，計231人のパイロットを失った。飛行場や航空機工場への容赦ない攻撃も続き，状況は絶望的だった。経験の少ないパイロットが戦いに駆り出され，多くが最初の出撃で，敵を見

ボールトン・ポール・デファイアントは昼間戦闘機としては失敗作だったが，敵機の下から攻撃するという得意技により，夜間戦闘機としては成功した。

ブリストル・ボーファイターは魅力的な航空機ではなかったが，非常に強力で驚くほど運動性がいい。適正な火力を有し，ドイツ空軍の艦船攻撃や夜間戦闘に対しては，強力な敵となった。

ることなく撃ち落とされ命を落とした。しかし，このときドイツはバトル・オブ・ブリテンで，最大の戦略的失態を犯した。

9月7日にゲーリングは，戦闘機コマンドを1カ所に集約させることを企図して，ドイツ空軍に対し，ロンドンへの猛攻を指示したのである。飛行場への大規模攻撃が止み，戦闘機コマンドは必要だった束の間の休息を得た。

1940年7月10日から10月31日にかけての昼間の戦いで，戦闘機コマンドは905機，ドイツ空軍は1,529機の損害を被った。ドイツは闇夜に紛れた活動を増し，1942年春まで続く「猛爆」の期間に入った。

イギリスへの猛爆は，迎撃（AI）レーダーを搭載した専用の夜間戦闘機の開発を加速させた。1940年夏に，イギリス空軍はブリストル・ブレニム1Fによる夜間戦闘飛行隊を急いで編成した。しかし夜間作戦にはまったく不向きで，捕捉すべき敵爆撃機よりも速度が遅かった。

1940年8月，イギリス空軍の夜間戦闘機部隊は，ボールトン・ポール社のデファイアントを装備した2個飛行隊という予想外の援軍を得た。デファイアントの夜間戦闘機としてのデビューは，それまでの昼間作戦で2個飛行隊が大きな打撃を受けた結果，ほとんど偶然に生まれたものだったからである。

デファイアントは，イギリス空軍3機種目の単葉戦闘機だが，前の2機種，ハリケーンとスピットファイアとはまったくコンセプトが違っていた。航空省仕様書F.9/35に基づいて設計された複座戦闘機で，360度の射界を持つ電動旋回機銃座を備えるというものだ。デファイアントの試作機は，1937年8月11日に初飛行し，第二次世界大戦勃発までに約400機が発注された。ただし，試験期間が長引いたことから，引き渡されたのはわずか3機だけだった。昼間戦闘機としてのデファイアントは大失敗で，戦闘で多くの損害を被ったが，夜間戦闘・侵攻機となってから大きな成功を収めることができた。

グロスター・グラディエーターは砂漠での初期の戦いで，主要な相手であるイタリアのフィアットCR.42複葉機に勝利を収めた。グラディエーターは，ギリシャでもこの機種と戦っている。

夜間の成功

双発のブリストル・ボーファイターは，さらに優れた機種だった。高速で20mm機関砲4門と機関銃6丁という重武装で，初期に産みの苦しみはあったものの，すぐに夜間の活動で成功した。1940年10月25日夜には，敵の爆撃機を初めて撃墜している。イギリス南部の海岸沿いに地上管制迎撃（GCI）基地が設置されると，1941年1月から撃墜機数は一定の伸びで増加を続けた。これらの基地では管制官が戦闘機に対して，レーダーが捉えた目標までの距離を知らせ，完全な迎撃を可能にした。1941年～1942年にかけて，イギリス本土の夜間防空用に14個のボーファイター飛行隊が編成された。

イギリス侵攻を計画したドイツの「シー・ライオン（アシカ）」作戦は，無期限に延期された。ヒトラーの目が東，すなわちソ連に向けられたからである。だが当初，航空戦の焦点は地中海方面に向けられていた。戦略的に重要なマルタ島は，イタリアが戦闘に加わった1940年6月から航空攻撃が続けられていた。当初，この島はわずか6機のグロスター・シーグラディエーター複葉機で守られていたが，すぐに3機に減り，メディアはそれらに「信頼，希望，慈善」という不朽の名称を付けた。1940年の終わりには，グラディエーターに変わって，ホーカー・ハリケーンが配備された。

マルタ島は，この島を拠点とするイギリスの空軍や海軍航空隊にとって，イタリアのシチリア島や北アフリカの目標を叩く重要な攻勢拠点となっていた。12月にドイツが戦いに加わり，新しい展開があった。ス

複葉の雷撃機

フェアリー・ソードフィッシュ Mk. II

矛盾した成功：1930年代に就役した時点で旧式機に思われていたフェアリー・ソードフィッシュだが，第二次世界大戦でも卓越した戦闘記録を残した。

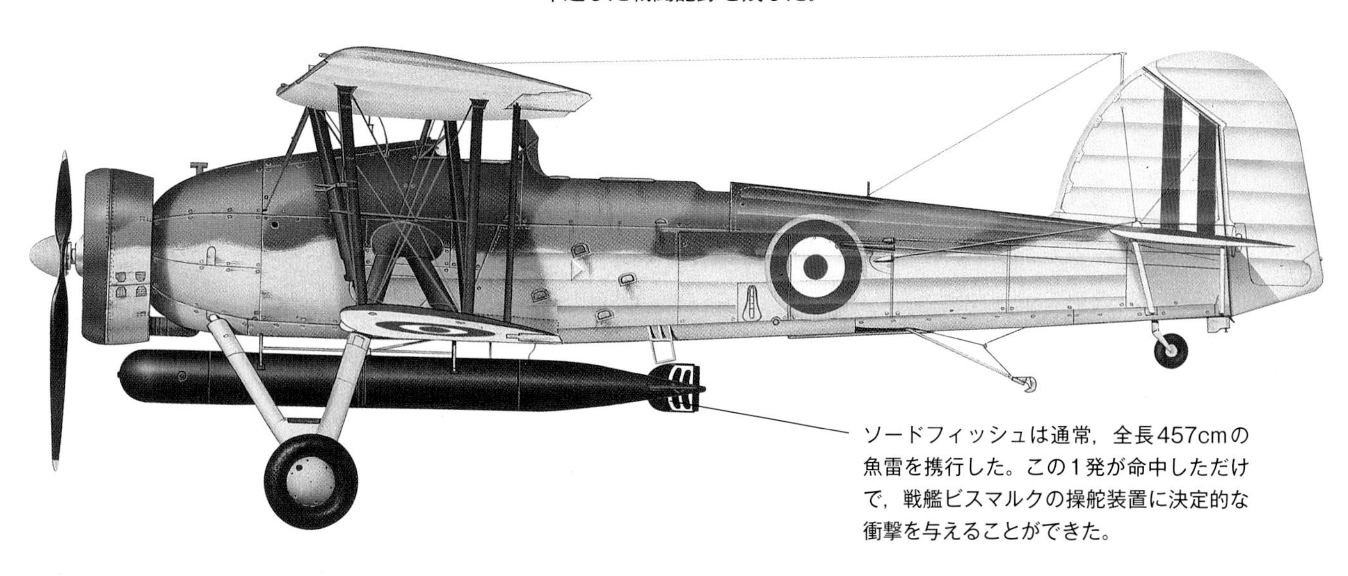

ソードフィッシュは通常，全長457cmの魚雷を携行した。この１発が命中しただけで，戦艦ビスマルクの操舵装置に決定的な衝撃を与えることができた。

ツーカやユンカースJu88，第10航空軍団のメッサーシュミットが，シチリア島の飛行場を占拠したのである。

1941年1月11日にドイツ空軍とイタリア空軍は，マルタ島に大規模な猛攻を仕掛けた。戦いは，ほぼ休むことなく3カ月間にわたって続き，1941年3月に攻撃は一応収まったが，完全な終結にはならなかった。

重要な航空活動

1940年11月11日に起こった地中海の戦いで最もめざましい活動を見せたのは，疑いなくフェアリー・ソードフィッシュで，空母「イラストリアス」から21機が発進し，タラントの海軍基地にいたイタリア艦隊を奇襲した。戦艦「コンティ・ディ・カブール」は大破して，その後の戦いには加われなくなった。姉妹艦の「カイオ・ドゥイリオ」は造船所に曳航されて戦いから6カ月離れ，戦艦「リットリオ」も4カ月間活動不能になった。

イタリアの主力艦艇は，地中海の戦いにおける重要な局面で，一気に6隻から3隻に減った。これに対してソードフィッシュの喪失はわずか2機だった。これは初めて空母が，柔軟性のある機動的な海洋戦力であることを現実的に証明したものであり，その後の航空作戦の実施に大きな影響を及ぼした。1941年5月には，ソードフィッシュが戦艦「ビスマルク」を雷撃で大破させ，再度その能力を見せつけた。

イギリス空軍がマルタ島上空で戦っている間に，地中海のほかの場所でも激しい戦闘が繰り広げられていた。1940年末にグロスター・グラディエーターは，複葉戦闘機のフィアットCR.42と単葉機のフィアットG.50と相対していた。一部のグラディエーター飛行隊は，イタリアの侵攻を受けていたギリシャに送られ，善戦したのは初期だけで長く続かず，1941年4月にはドイツがギリシャでの戦いに加わった。

イギリス空軍の飛行隊はハリケーンを装備し始めていたが，4月19日にギリシャの飛行場へ激しい攻撃が行われ，イギリス空軍の飛行隊で稼

フェアリー・ソードフィッシュ Mk. II

タイプ：3座の艦上および陸上発進偵察機
推進装置：578kWのブリストル・ペガサスⅢM3星形または559kWのペガサスXXX9気筒星形エンジン1基
最大速度：224km/h
高度1,525mへの上昇時間：10分30秒
フェリー航続距離：1,657km
実用上昇限度：3,780m
空虚重量：2,132kg；最大離陸重量：4,196kg
武装：7.7mmの固定式前方射撃用機関銃1丁を前方胴体右舷に，7.7mmの可動式機関銃1丁を後席コクピットに，加えて外付け魚雷，爆弾，ロケット弾を726kg
寸法：全幅13.87m
全長（尾輪上げ）11.07m
全高（尾輪上げ）4.11m
主翼面積50.4m^2

働可能な戦闘機は22機にまで減った。その数日後には，最後まで残っていた7機も機銃掃射で破壊された。これで連合軍のギリシャにおける航空機の反撃は，事実上，終わりを迎えた。

1941年5月1日，最後の英連邦軍がギリシャから脱出し，連合軍の兵士30,000人がクレタ島でドイツの侵攻に対抗しようと備えていた。クレタ島に対するドイツの攻撃は5月20日の激しい爆撃から始まり，続いて空挺部隊とグライダーによる航空強襲に移り，防衛側を圧倒するのにさほど時間は要しなかった。空の護衛もない島の沖合にいたイギリス海軍も，急降下爆撃により大きな損害を出した。巡洋艦3隻と駆逐艦6隻が沈められ，空母1隻，巡洋艦6隻，駆逐艦7隻が大破するか損傷を負った。

北アフリカの上空でフィアットCR.42は，グロスター・グラディエーターと対等に戦った。軽快で，相対的に高速なこの機種は，より近代的な単葉戦闘機と渡り合えた。

最後の大規模作戦

クレタ島の戦いは5月末に終わり，島の防衛部隊は戦死または捕虜になった。しかしドイツの空挺部隊も大きな代償を払った。こうして最後の大規模作戦となったクレタの戦いは終了した。

1941年3月になってもまだ連合軍はギリシャに集中していたが，エルビン・ロンメル元帥が指揮するドイツ・アフリカ軍団がリビアに到着し，まもなくイギリス軍を退却させ，数カ月前のイタリアと同様に，砂漠で勝利を収めていった。ドイツ空軍の航空優勢に対抗するため，連合軍の新しい飛行隊が編成された。北アフリカ西部の砂漠にいたイギリス空軍は，1941年の春に，オーストラリアおよび南アフリカの英連邦部隊と統合した。増強は夏の間も続き，砂漠空軍をつくり，1941年11月には

フィアットG.50ファルコは，CR.42の後継となった単葉戦闘機である。第二次世界大戦の西部砂漠での戦いに投入されたが，ホーカー・ハリケーンには太刀打ちできず，まったく成功を収められなかった。

40個飛行隊が中東に配置された。装備された航空機の主体は，専用爆撃機のハリケーンとアメリカ陸軍のカーチスP-40キティホークだった。

ドイツによるギリシャ（そして同時に攻撃を受けていたユーゴスラビア）に対する攻撃の隠れた理由が，すぐに明らかになった。それによりヨーロッパ南部の側面を確保したドイツは，計画していたソ連への攻撃を開始したのである。「バルバロッサ（赤髭）」作戦と名付けられたこの

第260飛行隊のカーチスP-40EキティホークⅡA。この部隊は北アフリカで戦った砂漠空軍に属する飛行隊で，その後イタリアに転戦して，1944年にP-51マスタングに装備機種を変えた。

ドボワチンD.520を強く想起させるLaGG-1。D.520がドイツの一部同盟国で使われたため，両機種が戦いで遭遇することもあった。

強襲は，1941年6月22日に始まった。侵攻はソ連空軍が活動を始める午前中までに，ソ連の高等司令部には完全に気付かれることなく行われた。地上軍との協調や連絡を完全に失ったソ連空軍は，もはや存在しないも同然だった。その後の日々でドイツ軍の優先事項となったのは，機甲部隊や機械化部隊に対する攻撃で，ソ連の爆撃機は甚大な被害を受けることになった。ソ連には北西部，西部，南西部，南部，北部の五つの戦線があったが，ソ連空軍は6月22日に西部戦線だけで地上で528機，空で210機を失った。

ソ連空軍は勇猛果敢に戦ったが，装備は貧弱で，戦術も経験豊富なドイツ空軍部隊とは比べものにならなかった。ドイツの侵攻から数カ月間，ソ連陸軍は次々と席巻され，大惨事を回避することはできなかった。近代的な航空機がなく，十分に訓練されたパイロットもおらず，スターリンによる戦前の粛正で優れた士官がいなくなり，リーダーシップを発揮できる者もいなくなっていた。

ソ連の戦闘機

1939年から1940年にかけて，3機の試作戦闘機ができるまで，ソ連には近代的な戦闘機に区分できる機種はなかった。その最初がLaGG-1/LaGG-3で，関係した技術者3人の名前が入っている。

それはラボーチキン，ゴルブノフ，グドコフである。驚くほど小型の機体で，全体は木材と軸受けによる構造で，フランスのドボワチンD.520を思い起こさせる。LaGG-1は1940年3月に初飛行し，次に改良型のLaGG-3が続き，100機製造された。1941年6月にドイツの侵攻が始まった時点で，まだ2個連隊が装備していただけだったが，ドイツの猛攻撃を受けた最初の重要な数カ月はLaGG-3が活動した。

2機種目はMiG-1で，ソ連空軍が1938年に出した高高度戦闘機要求に応じたものだ。不安定で操縦が難しかったものの性能が良かったため，急ぎ100機が生産された。1940年4月に初飛行した試作機は，わずか4カ月という短期間の製造記録をつくった。機体は胴体前方からコクピットの直後までは鋼管羽布張りで，それより後ろは木製という混合構造だった。主翼の中央部はジュラルミン製で外翼パネルは木製だった。

MiG-1は100機生産されたのちMiG-3に再設計され，コクピットを密閉型にするとともに追加燃料タンクを装備して戦闘行動半径が広がり，戦闘偵察機として広く使われることになった。

3機種目がYak-1クラサフイェツ（美しい女）で，1940年11月7日の航空展示で初めて一般公開された。アレクサンダー・S・ヤコブレフが設計し，レーニンの命によりジス自動車と100,000ルーブルの賞金が与えられた。合板に羽布張りという簡素な機体構造で，運用と操縦が容易であった。そのため，1941年6月にドイツの侵攻が始まると生産は加速し，その年の後半だけで1,019機の

Yak-1が完成している。

低高度攻撃

ソ連はごく少数の戦略爆撃戦力しか装備していなかった。機種は双発のイリューシンIℓ-4，ペトリヤコフPe-8である。そして旧式化したSB-2中型爆撃機が多数あった。しかし，優れた中型爆撃機のペトリヤコフPe-2の就役が始まっており，1941年6月のドイツによるソ連侵攻開始時にPe-2の総機数は462機にまで増えていた。しかし，訓練された乗員が不足していたため，初期の戦いに活動した数は極めて少なかった。8月末になると活動するPe-2の機数も増えて，ドイツの機甲部隊に低高度攻撃も行った。その高速飛行能力と防御火器はPe-2の価値を高めた。

1941年12月に，モスクワとレニングラードを獲得しようというドイツの試みは，ソ連の猛烈な反撃に遭って頓挫し，両軍ともロシアの厳しい冬との戦いに直面し，膠着状態に陥った。そんな中，1941年12月7日（日本時間では8日）に戦争の行方を左右するような出来事が起こった。そこからの数週間で連合軍は戦略を大きく変えざるを得なくなった。日本が真珠湾を攻撃し，アメリカ太平洋艦隊に大打撃を与えたのだ。12月末までに日本軍はタイ，ビルマ（現ミャンマー），マレーに進出し，ウェーク島や香港も陥落させ，さらにフィリピンのルソン島に上陸した。1942年初めにはシンガポールも手中に収め，ビルマのイギリス陸軍は日本軍から継続的に圧力を受けるようになり，史上最も長距離の撤退を行うこととなった。これがイギリスのインド方面における活

ミコヤンとグレビッチのパートナーシップは1940年に，I-61（MiG-1）の設計でスタートした。MiG-1は開放型のコクピットを有し，1940年3月1日に初飛行したが，成功作といえるものではなかった。

旧式戦闘機の創世記
ミコヤン・グレビッチ MiG-3

MiG-3は，高高度任務用に設計されたが，東部戦線での戦闘は中低高度で行われることが多く，ドイツのメッサーシュミットBf109の方が性能的に有利だった。

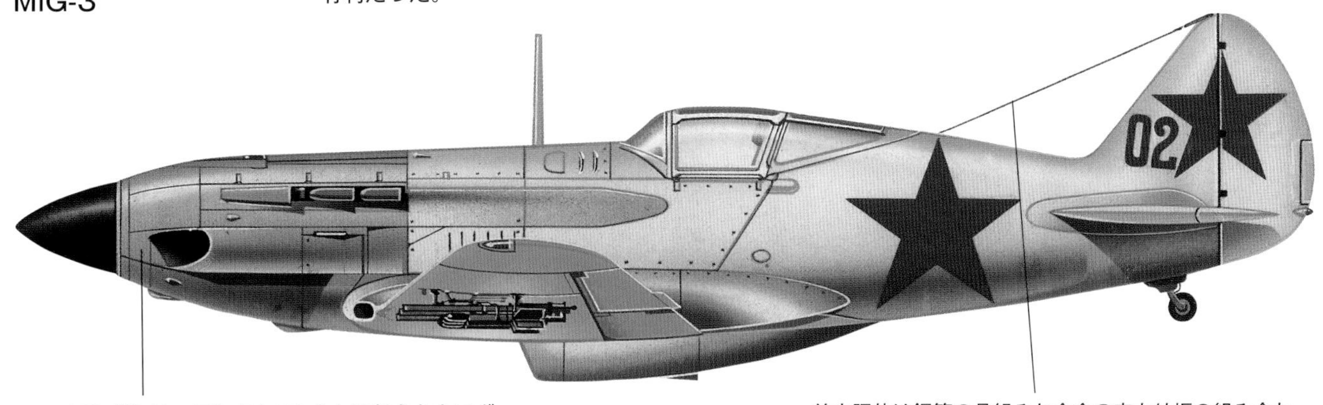

エンジンは，エレクトロンとして知られたマグネシウム合金の，直径3.05mのVISh-22Yeプロペラを駆動させた。

前方胴体は鋼管の骨組みと合金の応力外板の組み合わせだったが，後部胴体は0.5mmの松の木の合板による縦通材と羽布張りの組み合わせだった。

動の終焉であった。連合軍は十分な反抗態勢を築くための時間が必要になった。

戦争初期に日本軍が各地を征服したのは，航空戦力，特に海軍航空隊の成功によるものだった。真珠湾攻撃は1940年11月のイギリスによるタラント奇襲に触発されたもので，また広大な太平洋地域での戦いの行方は，海軍の航空戦力に左右され，その後の太平洋戦争の中で重要な役割を果たすことになった。

真珠湾攻撃で日本にとって最大の失敗は，アメリカ太平洋艦隊の空母3隻を撃破できなかったことだ。この空母3隻は，アメリカ海軍初の空母機動部隊の核となり，最終的に太平洋を越えて日本本土にまで戦争を持ち込むことになる強力な兵器の先駆けとなった。

不快な驚き

日本の航空機の質の高さは，連合軍にとっては不快な驚きだった。三菱A6M零式艦上戦闘機（以下零戦）がその代表で，あらゆる時代を通じて最高の戦闘機の一つであろう。1939年4月1日に初飛行した零戦

ミコヤン・グレビッチMiG-3

タイプ：単座戦闘機
推進装置：1,007kW のミクリンAM-35A V型12気筒ピストン・エンジン1基
最大速度：640km/h（高度7,800m）
航続距離：1,195km
実用上昇限度：12,000m
空虚重量：2,595kg；最大離陸重量：3,350kg
武装：12.7mmのベレジン機関銃1丁と7.62mmのShKAS機関銃2丁，主翼下に最大200kgの爆弾あるいはRS-82ロケット弾6発
寸法：全幅10.20m
全長8.25m
全高3.50m
主翼面積17.44m^2

最初の新世代Yak戦闘機
ヤコブレフYak-1

クラサフイェツ（美しい女）として知られたYak-1は，ソ連の初期の傑作単葉戦闘機であり，その後，Yak-3へと発展した。

胴体に大きくメッセージを書くのは，ソ連戦闘機の共通した特徴であった。この機体には，「スタハーノフの集団農場で働く農民から，スターリングラード戦線で戦うパイロットB・N・イェレミンへ」と書いてある。

ヤコブレフYak-1

タイプ：単座の戦闘機および戦闘爆撃機
推進装置：782kWのクリモフM-105V-12液冷エンジン1基
最大速度：530km/h
初期上昇率：5,000mまで7分
旋回時間：360度を17.6秒
航続距離：700km
実用上昇限度：9,000m
空虚重量：2,550kg；搭載時重量：3,130kg
武装：20mmのShVAK機関砲1門，12.7mm機関銃2丁，主翼ラックにRS-82 6発携行可能
寸法：全幅10.00m
全長8.48m
主翼面積17.15m^2

戦争中に最も広範に使われたソ連爆撃機のイリューシンIℓ-4（DB-3F）。戦争初期にはソ連空軍による多くの長距離ミッションを飛行した。

1934年にソ連空軍が発表した４発の長距離重爆撃機の仕様に合わせて開発された，少数生産のペトリヤコフPe-8。1941年のベルリン爆撃が初の主要な実戦投入であった。

ソ連の工場で製造中のペトリヤコフPe-2。優れた軽爆撃機で，夜間戦闘機型のPe-3もつくられた。

は，戦争の初期段階で，連合軍が投入したどの戦闘機よりも明らかに優れていることを示した。

零戦は，軽量でありながら構造的に極めて強く，かつ非常に機動性に優れ，20mm機関砲2門と7.7mm機関銃2丁を装備。複数のユニットに分けた製造方式ではなく，二つのパーツで構成されていた。エンジンとコクピット，胴体前方が一つの部分で構成され，もう一方は胴体後方と尾翼である。この二つの部分は80本のボルトで環状に結合された。大きな欠点はパイロットの装甲板がなく，燃料タンクが自己防漏式になっていないことで，連合軍の戦闘機のように戦闘での損傷を吸収できなかった。

いくつかの厳しい局面もあったが，零戦は太平洋戦争最初の年から全体的な優位性を保った。その初めの一つが1942年5月の珊瑚海海戦で，相対する空母部隊同士で繰り広げられた最初の歴史的海戦だった。アメリカの空母部隊は，ニューギニアのポート・モレスビーに日本軍が上陸するのを阻止したが，その損失は敵軍よりも大きかった。そして6月のミッドウェー海戦で，アメリカの空母は日本軍を攻撃し，空母4隻を沈めるとともに航空機258機を破壊した。この戦いでアメリカが失ったのは，航空機132機と空母「ヨークタウン」で，これが太平洋での戦いの大きな転換点となった。日本の攻勢を終わらせただけでなく，日本海軍から経験豊かなパイロットを奪ったのであった。

真珠湾から神風特別攻撃へ
三菱A6M零式艦上戦闘機

太平洋戦争の開戦時，三菱A6M零式艦上戦闘機は日米両軍の中で最高の戦闘機であった。しかし，軽量化を追求したため乗員を守る装甲板がなく，防御力が弱点となっていた。イラストはA6M5c（52型丙）である。

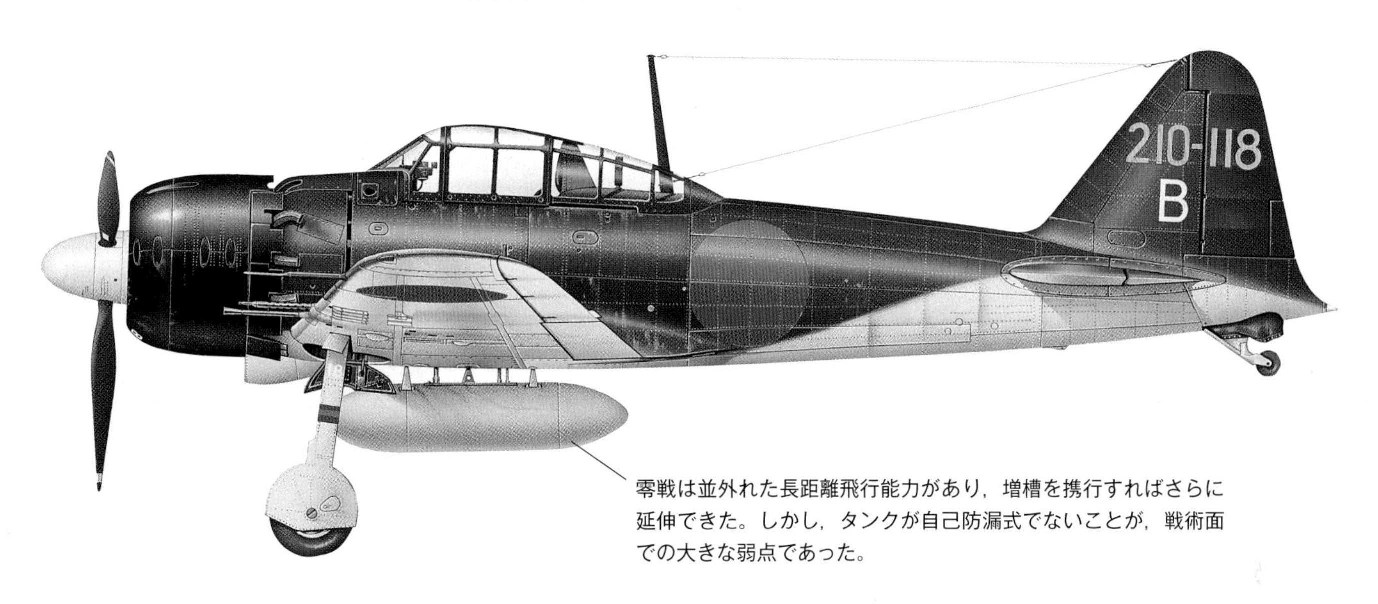

零戦は並外れた長距離飛行能力があり，増槽を携行すればさらに延伸できた。しかし，タンクが自己防漏式でないことが，戦術面での大きな弱点であった。

戦いの機会

太平洋戦争最初の数カ月間，アメリカの標準的な艦上戦闘機は，グラマンF4Fワイルドキャットで，ほぼあらゆる点において零戦に劣っていた。頑丈でひどく損傷を受けても耐えられる戦闘機ではあったが，日本軍の戦闘機との戦いに生き残るにはパイロットの高度な技量が必要だった。とはいえワイルドキャットは，この戦域の絶望的な時期を戦い抜いた。

日本軍の真珠湾攻撃とその余波は，もはや大英帝国がナチス・ドイツとイタリアの枢軸同盟に単独では対抗できないことを知らしめた。1940年から1941年の厳しい日々に，ヨーロッパでヒトラーのヴェアマハト（国防軍）の手に落ちなかったのはイギリスだけだ。これはドイツにとって唯一の敵であることを意味した。イギリス空軍の爆撃機コマンドは，戦力の増強に入った。強力なイギリス・アメリカの戦略爆撃攻勢は戦争後期に開始されるが，その前にウェリントンやホイットレー，ハンプデンの乗員が下地をつくった。1942年には爆撃機コマンドの中核ができ，後方支援施設がほとんどない中，暗闇のヨーロッパを飛行し，わずかではあったものの目標に爆弾を投下して，戦いを切り開いていった。

1941年には爆撃機コマンドの飛行隊は，新しい2機種の4発爆撃機に更新を始めた。一つはショート・スターリングで，1940年8月に就役した。ただし，既存の格納庫へ収まるように，翼幅を切り詰めて設計されたことから，主に低高度の飛行を余儀なくされた。2番目がハンドレページ・ハリファックスで，こちらも1940年に引き渡しが始まったが，スターリングと同様の問題を抱え，この制約をなくすことが爆撃機コマンドの成功につながったのである。

同じことがロールスロイスのバルチャー・エンジンを2基搭載するアブロ・マンチェスターにもいえた。機体は優れたデザインだったが，エンジンは信頼性が低くてオーバー

三菱A6M5c零式艦上戦闘機52型丙
タイプ：単座の艦上戦闘爆撃機
推進装置：843kWの中島NK1F「栄」21星形エンジン
最大速度：560.6km/h（高度6,000m）
フェリー航続距離：1,920km
実用上昇限度：10,200m
空虚重量：1,970kg；搭載時重量：2,955kg
武装：三式13.2mm機銃を機首1丁（弾数230発），翼内2丁（弾数各240発）と，九九式20mm機銃2丁を翼内（弾数各125発），加えて，60kg爆弾2発，30kg爆弾2発，30kg小型ロケット弾4発から選択
寸法：全幅11.00m
全長9.12m
全高3.60m
主翼面積21.30m^2

ヒートしやすく，その結果，火災の危険性があった。この爆撃機は1942年に退役し，ロールスロイスのマーリン・エンジンを4基搭載するように設計が変更された。この改良により，史上最も有名な爆撃機の一つである「アブロ・ランカスター」が誕生した。

もう一つのマーリン・エンジン搭載機が1942年にデビューした。全木製のデ・ハビランド・モスキートで，第二次世界大戦の航空機の中にあって最も多才で成功を収めた機種の一つである。モスキートに対する公の関心はゆっくりと呼び起こされた。1940年3月に航空省が要求書B.1/40を出して，3機の試作機（1機は戦闘機，1機は軽爆撃機，1機は写真偵察機）の製造を決め，50機の初期生産機を発注した。試作初号機は1940年11月25日に初飛行している。

最初の出撃作戦

写真偵察型のモスキートは，1941年9月にオックスフォードシャーのベンソン基地にあった第1写真偵察部隊に引き渡された。初めての作戦で出撃したのは9月20日である。モスキートB.Ⅳ爆撃機は，1942年5月にノーフォークのマーラム基地に初めて配備され，31日に初出撃した。モスキートの夜間戦闘機型もつくられ，ボーファイターからイギリス本土の夜間防空を徐々に引き継いだ。

1942年5月と6月にイギリス空軍は，ケルン，エッセン，ブレーメンに対して爆撃機の大群で空襲を行い，大損害を与えた。爆撃機コマンドが大規模に目標を攻撃する能力を持っていたため，ドイツ空軍内部では防空能力に大きな欠陥があるのではないかという深刻な懸念が生じ始めていた。そうしたドイツの懸念は，1942年夏にアメリカ第8空軍の最初の爆撃飛行隊がイギリス国内の基地を使用し始めたことで一層高まった。部隊はB-17フライング・フォートレスを装備し，この年からフランスやベネルクス三国の目標に対して，強力な護衛戦闘機を伴い，数多くの昼間攻撃を実施した。

こうした空襲に対して，ドイツはメッサーシュミットBf109FとフォッケウルフFw190という2種類の主要戦闘機で対抗しており，どちらも手強い相手だった。しかし，護衛なしの昼間攻撃で苦い経験を持つイギリス空軍の警告にもかかわらず，ヨーロッパ「周辺」目標への予備的な攻撃は，護衛戦闘機なしで昼間の空襲

ずんぐりとした小柄なグラマンF4Fワイルドキャットは，太平洋航空戦争において，より高性能な戦闘機が配備されるまで連合国側の戦線を支えた。ミッドウェイやガダルカナルの戦いで特にその威力を発揮した。

ショート・スターリングは，イギリス空軍最初の４発爆撃機である。運用高度が低かったため，次第に輸送任務に使われるようになったが，その任務も立派にこなした。

偉大なオールラウンダー
ハンドレページ・ハリファックスB Mk.I

第76飛行隊のコード文字が書かれたハリファックス。イギリス空軍2機種目の4発爆撃機で，果敢で素晴らしい戦闘経歴を有するが，後続のランカスターの陰に隠れてしまう存在だ。

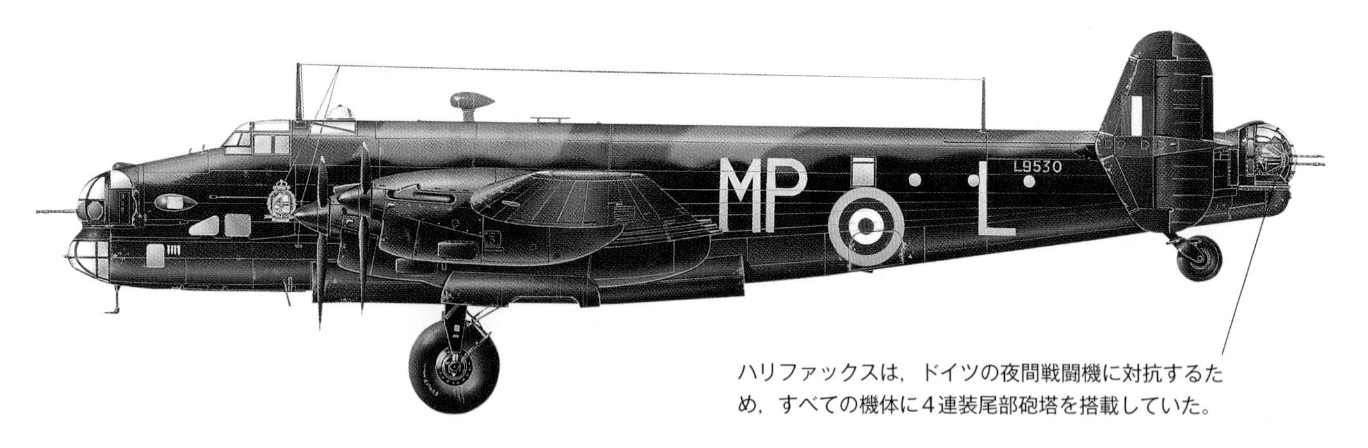

ハリファックスは，ドイツの夜間戦闘機に対抗するため，すべての機体に4連装尾部砲塔を搭載していた。

ハンドレページ・ハリファックス

タイプ：7座の長距離重爆撃機および兵員輸送機および長距離対潜作戦機
推進装置：1,214kWのブリストル・ハーキュリーズXVI14気筒星形ピストン・エンジン
最大速度：500km/h
フェリー航続距離：2,000km（爆弾最大搭載時）
実用上昇限度：7,315m
空虚重量：17,345kg；搭載時重量：29,484kg
武装：7.7mm機関銃9丁を機首，胴体上面，尾部ターレットに装備。加えて爆弾最大5,897kg
寸法：全幅31.75m
全長21.82m
全高6.32m
主翼面積118.45m^2

は実行可能だとアメリカ人に思わせるのに，十分な説得力があった。

イギリス空軍とアメリカ陸軍航空軍がそれぞれ爆撃攻勢の計画を練っているとき，北アフリカでは戦局が急変していた。1942年8月から9月にかけて，イギリス陸軍はドイツ・アフリカ軍団への大規模な反攻作戦のための戦力を整える間，防衛的役割に専念し，敵に対する攻撃作戦の負担は実質的に砂漠空軍に委ねられていた。砂漠空軍はアメリカ軍を作戦統制下に置いた。1942年10月，中東の連合国空軍が利用できる飛行隊の総数は，アメリカの貢献（のちにアメリカ陸軍第9空軍となる）により，96個となった。

10月23日にイギリスの第8陸軍は敵飛行場への重爆撃に続き，エル・アラメインへの反攻を開始した。砂漠空軍の戦術戦闘爆撃機の全飛行隊が投入され，敵を混乱させて，ついに11月4日には防衛線を突き破った。西に延びる沿岸道路では敵の車列が渋滞し，それを戦闘爆撃機が急襲し，キレナイカまで駆逐した。

大規模上陸

連合軍は，11月8日にフランス領モロッコとアルジェリアに対し，イギリスとアメリカの上陸部隊による大規模な上陸作戦「トーチ（松明）」作戦を開始した。イギリス軍の上陸を支援したのは，艦隊空母「フォーミダブル」「ビクトリアス」「フュリーアス」「アーガス」と，護衛空母「ビター」「ダシャー」「アベンジャー」で，アメリカ軍の上陸は「レンジャー」「サンガモン」「スワニー」「サンティ」が支援した。

イギリス空軍第207飛行隊のアブロ・マンチェスター。機体フレーム自体は素晴らしいものだったが，ロールスロイスのバルチャー・エンジンに難があって，予期せぬ火災に見舞われることがあった。

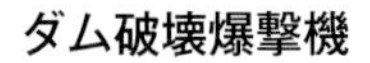

ダム破壊爆撃機
アブロ・ランカスターB Mk.I

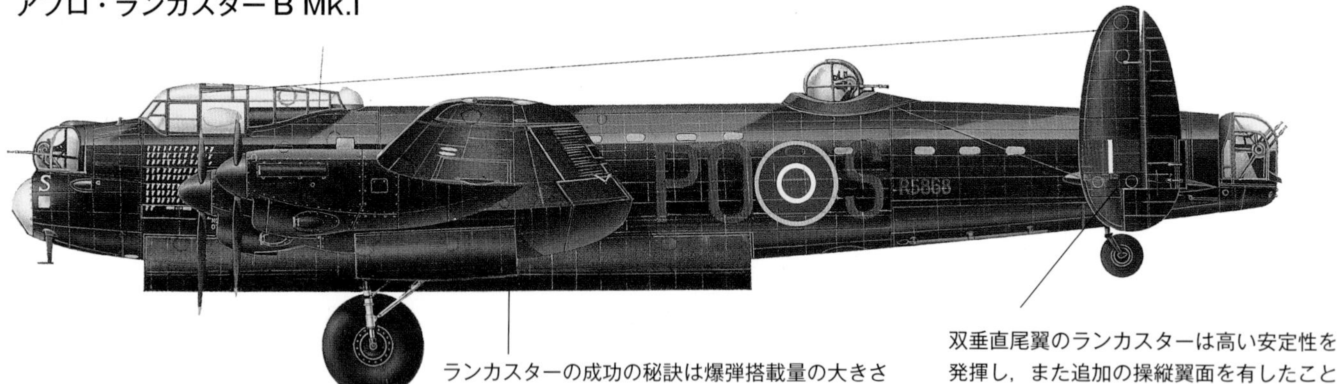

ランカスターの成功の秘訣は爆弾搭載量の大きさで，最大で7tを搭載できた。改造すれば10tの巨大爆弾“グランドスラム”も搭載可能だった。

双垂直尾翼のランカスターは高い安定性を発揮し，また追加の操縦翼面を有したことで，被弾で激しい損傷を受けても，十分に基地に帰投することが可能であった。

アブロ・ランカスターB Mk.I

タイプ：7座の重爆撃機
推進装置：1,223kWのロールスロイス・マーリン24倒立直列ピストン・エンジン4基
最大速度：462km/h（高度3,500m）
フェリー航続距離：2,700km（爆弾6,350kg搭載時）
実用上昇限度：7,467m
空虚重量：16,783kg；搭載時重量：30,845kg
武装：初期生産型は7.7mmのブローニング機関銃9丁と爆弾最大6,350kg
寸法：全幅31.09m
全長21.18m
全高6.12m
主翼面積120.49m^2

第139飛行隊のモスキートB.Ⅳ軽爆撃機。モスキートは第二次世界大戦時のイギリス機の中で最も多用途性を有した機種で，偵察から対艦攻撃までこなした。

これは強力な海軍力を見せつけることとなり，海軍の航空機は飛行場を確保してジブラルタルから戦闘機が飛び立てるようになるまで，砂浜上空を防護し続けた。

連合国間の動きを捉えたドイツはチュニジアに新たな防御線を築き，いくつかの港を制圧することで補給の確保を試みた。1943年4月にイギリス第8軍は，アメリカ第2軍団と連携し，チュニジアに向けての最後の進撃を開始。戦闘に先立ち，戦闘爆撃機部隊が道を切り開いた。1943年5月13日，チュニジアの枢軸軍は降伏した。マルタ島を拠点にした枢軸軍の航空機や潜水艦による補給は，大量のドイツ空軍輸送機を破壊していた砂漠空軍により，遮断されていた。

その作戦から2カ月後に連合軍の大規模な空挺部隊がシチリア島に侵攻し，数週間後にイタリアへ進軍するきっかけとなった。9月にイタリア政府は連合軍に休戦を申し入れたが，連合軍がイタリアで勝利するのは容易ではなかった。イタリアはドイツに忠実で，連合軍に激しく抗戦し，半島を頑なに守り続けようとした。しかしイタリアの主要な航空基地は制圧され，連合軍の爆撃機はそこからドイツの目標に到達できた。

連合軍による北アフリカ上陸は，アメリカから船団を直行させることをともなうため，連合軍による大西洋の支配がなければ不可能だった。航空はこの分野でもますます重要性

アメリカ第8陸軍航空軍，第381爆撃航空群第532爆撃飛行隊のボーイングB-17フライング・フォートレス。この航空群は1943年6月から1945年6月にかけて，イングランドのエセックスのリッジウェルを基地とした。

の高い任務を遂行している。

1940年末までに，イギリスと連合軍そして中立国の船舶は合計1,281隻が沈められており，そのうち585隻はドイツのUボートによるものだった。この時期，Uボートの喪失は32隻で，航空機の餌食になったのは1隻もなかった。しかし1941年に入り，Uボートと戦う技術が改良され始め，イギリス空軍の沿岸コマンドによる海洋哨戒機は対水上（ASV）レーダーを装備するようになった。まだ初歩的なものだったが，完全に浮上しているUボートなら距離約5kmで見つけられた。イギリス空軍は，初期に2機種の海洋哨戒機を主力としていた。一つはショート・サンダーランドで1938年に就役した。サンダーランドの対潜水艦兵器としての代表的な存在が，イギリスを拠点とするオーストラリア空軍第10飛行隊で，まず機首の左右に7.7mmの機関銃を4丁ずつ搭載し，機関銃の総数を10丁とする実験を行った。前方に発射するようになったことで，浮上しているUボートにも有効な射撃ができるようになり，また，10丁の機関銃を搭載したことで，敵の戦闘機にとって危険な標的となり，戦争の初期段階で警戒されるようになった。ドイツ軍はサンダーランドのことを「スタッヘルシュヴァイン（ヤマアラシ）」と呼んだ。

ロッキード14の軍用型

もう一つの海洋哨戒機が，ロッキードのモデル14民間双発旅客機を軍用型にしたハドソンで，1930年代末に成功を収めた。イギリス海軍の沿岸コマンドが使用していたアブロ・アンソンの後継機としての要求に基づき，短い準備期間で1938年に開発された。イギリス空軍は200機を初期発注し，1939年5月にスコットランドのリューチャーズ基地にいた第224飛行隊に初めて配備された。ロッキードは350機のハドソンMk.Iと，20機のハドソンMk. II（Mk.Iとの違いはプロペラだけ）を供給し，のちに改良型のMk. IIIも製造した。しかし，サンダーランドとハドソンは，どちらも，連合軍の船団を求めてUボートが徘徊する危険な中部大西洋までカバーするには航続力が足りなかった。導入された護衛空母が対潜作戦を補完し，状況は少し改善されたが，大きく変わったのは1942年に長距離海洋哨戒機コンソリデーテッドB-24リベレーターと，PBYカタリナが開発されてからだった。これらが海軍のハンター・キラー・チームとなり，大西洋の戦いが変わり始めた。

これにはUボートに対する兵器の改良が大きく影響している。イギリス空軍航空機は初期の戦いで，Uボートの攻撃に標準的な250ポンド(113kg)爆弾を使用していた。しかし1940年には確実に効果を上げられる兵器として爆雷が認識された。初期の爆雷には爆発物としてアマトールが使用されたが，海面に当たると壊れてしまうという悪名高き信頼性のなさだった。1941年に新しい爆発物としてトーペックスが使われ，アマトールよりも効果が30％以上高まった。

新兵器

1943年5月にイギリスとアメリカの哨戒機は，新しい兵器を受領した。機密保全上の観点からMk24機雷と呼ばれたが，実際には航空魚雷で，アメリカが開発した音響探知装置を先端に備えた。リベレーター飛行隊は通常の爆雷に加えてこの魚雷を2本搭載した。また，浮上したUボートの攻撃にはロケット弾も用いられた。航空機が搭載するサーチライトは，夜間にフランスのビスケー湾の基地から出て洋上を航行するUボートの捜索に使用された。

1942年後半には西側連合軍にとって重要な大西洋生命線の防御に奮闘していたが，東部戦線ではスターリングラードの戦いが激化していた。ソ連でも新型機が出現し，中でも対地攻撃任務で最も重要となったのが，イリューシンIℓ-2シュツルモビクであった。1941年に就役したが，初期型は単座で後方防御に欠けていたため，大きな犠牲を払うことになった。改修型のIℓ-2Mはエンジン推力を上げて，新しい兵器も追加し，1942年秋には前線部隊に到着し始めた。この間，さらなる改修が続けられ，装甲された胴体前部を延伸し，後席の射撃手席を設けた。新しい複座型のIℓ-2m3は1943年8月に就役し，東部戦線で目立つ働き

フォッケウルフFw190は強力な戦闘機で，1942年に連合軍に厄災をもたらした。

北アイルランドのファーマナにあるキャッスル・アーチデールで係留されるショート・サンダーランド飛行艇。サンダーランドの航続距離は，ドイツのUボートを追いまわすには，あまりにも短かすぎた。

をした。

ソ連もようやく敵戦闘機に負けない機種を開発した。セミヨン・ラボーチキンが設計したLa-5である。メッサーシュミットBf109と互角に戦える近代的な戦闘機が必要だったソ連空軍の切実な要求に応えて開発されたもので，先のLaGG-3の軽量で組み立てが容易な木製構造の機体フレームをベースにし，992kWのシュベツオフM-82F星形エンジンを搭載した。そのほかの改修点としては，胴体後部の上方を切り落としてパイロットの視界を改善したことや，武装の強化が上げられる。

ヤコブレフからは，傑作機だったYak-1の進化発展型であるYak-9が登場した。Yak-9は東部前線で貢献した。Yak-1のさらなる発展型にYak-3があり，1943年夏の初めに戦線に到着した。7月にはクルスクの戦いに投入され，大規模な装甲編隊を展開し，その多くが対地攻撃に投入された。この戦いはソ連の勝利に終わり，ソ連軍は東ヨーロッパを越えてベルリンに到達することとなった。

劇的な大成功

太平洋方面でも，状況は連合軍に好転していた。連合軍の主力戦闘機はいまだにグラマンF4Fワイルドキャットやベル P-39エアラコブラ，そしてカーチスP-40だったが，新しい長距離戦闘機ロッキードP-38ライトニングが大量に加わっていた。1943年4月18日に，アメリカの第339戦闘飛行隊のP-38が偉業を成し遂げた。ガダルカナルからの限られた航続力の中，日本海軍の連合艦隊司令長官であり，真珠湾攻撃を立案した山本五十六（いそろく）元帥が乗った三菱G4M（一式陸上攻撃機）を撃墜したのである。2機のP-38を操縦していたのはリチャード・I・ボング少佐とトミー・マクガイヤー少佐で，両者とも太平洋で多くの撃墜を記録した。

1943年初めにいくつかのアメリカ海兵飛行隊が強力な新戦闘機，ボートF4Uコルセアへの更新を開始し，2月にはガダルカナルに配備された。この機種で特に成功を収めたパイロットが，第215海兵戦闘飛行隊のロバート・ハンソン中尉で，ラバウルの激戦で名を上げた。1944年1月14日に，ハンソン中尉は一連の戦いの中で撃墜記録をつくりあげた。アメリカの爆撃機を迎撃してきた約70機の零戦編隊に挑み，5機を撃墜。その後，ラバウルへの5回の出撃で，さらに15機の敵機を撃墜し，わずか17日間で20機の敵機を破壊したことになる。

しかし，アメリカの太平洋上での戦いを本当に変えたのは，グラマンF6Fヘルキャットだった。1942年6月26日に初飛行したヘルキャットは，前作のワイルドキャットで学んだ教訓を完全に生かしていた。初めての引き渡しは1943年1月16日で，同年8月31日にカロリン諸島のマーカス島上空で初めて戦った。ヘルキャットはアメリカのあらゆる海洋作戦で，卓越した役目を果たした。

1943年頃には，日本軍パイロットの技量は低下していた。太平洋戦争前に中国で広範囲に戦い，1942年まで激戦を経験した海軍の優秀なパイロットたちが命を落とし，ついにその影響が出始めたのである。アメリカの新型戦闘機が太平洋に到着したこともあり，日本は損失を重ねていくこととなった。

マリアナの七面鳥撃ち

1944年6月のマリアナ沖海戦での損失は，日本軍にとって最も大きなものだった。アメリカ軍はマリアナ諸島を占領するために，空母艦載機が航空支援を行った。6月11日に行われた最初の大規模な戦闘機の掃射戦では，アメリカの空母艦載機が日本の防衛航空隊の3分の1を破壊した。6月19日には，総力で揚陸作戦が行われ，多くの日本軍爆撃機と雷撃機がそれを阻止しようとしたが，その行動はレーダーにより240km先から捉えられ，アメリカの艦上戦闘機が待ち受けていた。そこでの空戦は一方的な虐殺となり，「マリアナの七面鳥撃ち」として記録されることになった。アメリカの直掩戦闘機と対空火器は，325機の日本軍機を破壊，そのうち250機は，空母から発進した328機のものだった。アメリカの喪失はヘルキャットが16機で，そのほかには7機が日本軍の戦闘機か対空火器で撃墜されただけだった。

ヨーロッパでは，ドイツに対する

アメリカ陸軍航空隊のロッキードA-28ハドソン。第二次世界大戦勃発前にイギリス空軍が購入したハドソンは，対潜水艦兵器として活躍した。

戦略的攻勢が順調に進展しており，ドイツの目標に対するアメリカ最初の昼間任務が実施された。これは，1943年1月に行われ，比較的少数のB-17フライング・フォートレスがヴィルヘルムスハーフェンを空襲した。重武装の爆撃機が密集したボックス隊形で，堅固な防御力を発揮し，爆撃時に敵戦闘機への抑止力になった。しかし，何週間も経たないうちに，ドイツ空軍の戦闘機が決死の行動で，この神話を完全に打ち砕いた。

アメリカ第8空軍の空襲は続き，規模も損害も大きくなっていったが，ドイツ空軍が重爆撃機に対する経験を積むにつれ，アメリカの喪失は1943年4月と5月に深刻なレベルに達した。しかし，本当の試練はこれからだった。

昼夜を分かたずの攻勢

1943年6月，イギリス空軍とアメリカ陸軍航空軍は，合同で「ポイン

コンソリデーテッドB-24リベレーター
タイプ：乗員10人の重爆撃機
推進装置：895kWのプラット＆ホイットニーR-1830-43ツインワスプ星形ピストン・エンジン4基
最大速度：488km/h
フェリー航続距離：2,896km
実用上昇限度：9,900m
空虚重量：15,423kg；最大重量：27,216kg
武装：12.7mm機関銃を機首に，さらに胴体背部，引き込み式ボール・ターレット，胴体側面に装備。加えて最大爆弾搭載量3,629kg
寸法：全幅33.52m
全長20.22m
全高5.46m
主翼面積97.36m^2

アメリカの長距離爆撃機
コンソリデーテッドB-24リベレーター

この“テギー・アン”と名付けられたコンソリデーテッドB-24リベレーター（B-24D-85-CO）は，第376爆撃航空群第515爆撃飛行隊所属，航空群指揮官の乗機でデザート・ピンクに塗られている。

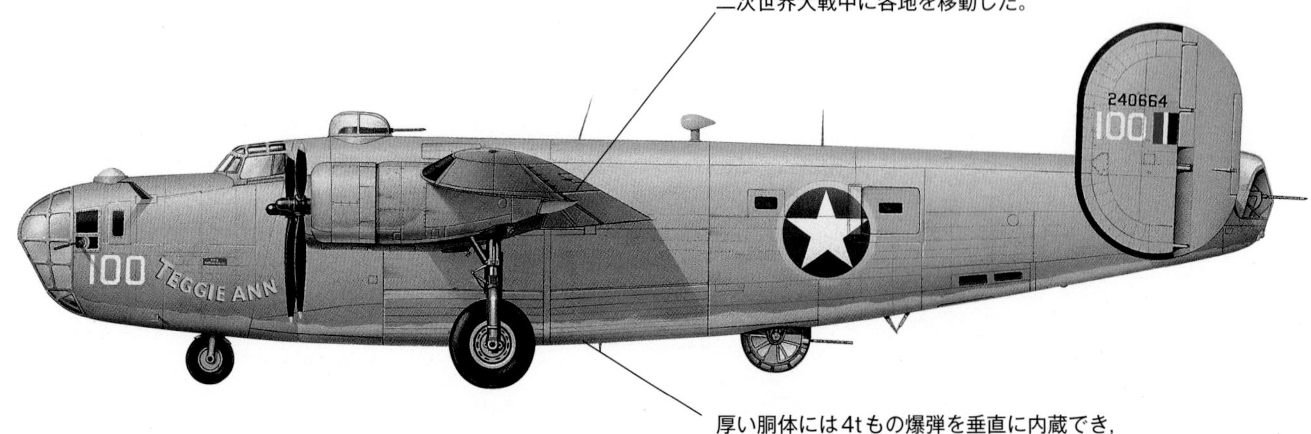

低翼で幅の広い主翼を持つB-24は，高高度飛行で優れた長距離能力と性能を発揮した。イギリスのウィンストン・チャーチル首相は，B-24の改造機を個人の輸送機として使い，第二次世界大戦中に各地を移動した。

厚い胴体には4tもの爆弾を垂直に内蔵でき，また，乗員は側方通路により最後部まで移動することができた。

コンソリデーテッドPBY-5Aカタリナは，非常に長い航続距離を誇り，大西洋での戦いの流れを変えるのに大きく貢献した。イギリス空軍では15個飛行隊がこの機種を装備した。

トブランク（至近距離）」作戦を開始した。ドイツの軍需産業に対して24時間休むことなく空襲を続けるというもので，第8空軍は爆撃航空群が15個隊に増え，十分な戦力があった。最大の障害は，日中にドイツ深部に侵攻しなければならないことだったが，十分な航続力のある長距離護衛戦闘機を欠いていた。イギリス空軍のスピットファイアの航続力では，オランダを越えて半分ほどしか護衛できない。一方でアメリカ陸軍航空軍のP-47サンダーボルトやP-38ライトニングなら，ドイツの西部地帯に到達できる。その行動をより改善するために，アメリカ軍はP-38とP-47の主翼に増槽を取り付けることにした。しかしドイツの戦闘機指揮官たちは，長距離を飛行して向かってくるアメリカ戦闘機の増槽の利点を打ち消す新たな戦闘技術を開発していた。フォッケウルフとメッサーシュミットは，オランダ沿岸を越えたあたりでアメリカ軍戦闘機を攻撃し，機動性を確保するために増槽の投棄を強いたのである。

1943年7月最後の週に，第8空軍は敵目標への5回の主要な攻撃を行い，爆撃機88機を失った。8月になると，初めて連続的で壊滅的な打撃を与える行動に入った。8月17日には376機のB-17がシュワインフルトのボールベアリング工場とレーゲンスブルクのメッサーシュミット組立工場を空襲し，それまでに第8空軍が行った任務で，最も深部に到達した。レーゲンスブルクの部隊は北アフリカに向けて飛行することになっていた。両方の目標に爆弾を命中させたが，60機の爆撃機が撃墜され，約100機が損傷した。

アメリカが，ドイツのさらに深部に向かう長距離任務を効果的に再開できるようになるには5週間を要した。攻撃が再開されると，8月の教訓がより強く思い起こされることとなった。10月8日から14日までの1週間で，アメリカ軍は148機の爆撃機と1,500人の乗員を失ったのである。10月14日に行われたシュヴァインフルトの攻撃では，ドイツ空軍の戦闘機は500回出撃し，攻撃に参加したアメリカの爆撃機280機のうち，60機を破壊した。

主要な戦い

ドイツによる夜間戦闘技術の開発

複座のイリューシンIℓ-2シュツルモビクは，1943年の東部戦線でのソ連の勝利に大きく貢献した。この機体は非常に効果的な対地攻撃機であり，自己防衛能力にも優れていた。

は，イギリス空軍の爆撃機コマンドに新たな大損失をもたらす始まりとなった。1943年8月から9月にかけて，ベルリンへ3度の大がかりな空襲が行われ，イギリス空軍はランカスターとハリファックス123機を失い，さらに114機が損傷を受けた。ドイツの夜間戦闘機が，より高度な対空迎撃レーダーや，爆撃機を下から撃ち抜く対空砲を設置するといった砲撃戦術の導入は，爆撃機コマンドにとって深刻な課題となり，ドイツの砲撃戦術の成功率は1944年の春がピークになった。最悪だったのは3月30日夜，ニュルンベルクへの攻撃で爆撃機コマンドは95機の重爆撃機を失い，さらに71機が損傷した。

1943年の間，アメリカ軍は昼間攻撃で喪失を重ねていた。適切な長距離護衛戦闘機が必要なのは誰の目にも明らかだったが，この年の末にそれが実現した。ノースアメリカンP-51マスタングである。元々は1940年に，高度6,100mを越えて十分に戦える高速重武装戦闘機，というイギリス空軍の要求に応じて開発された。アメリカはその試作機を117日で完成させた。NA-73Xと呼ばれた試作機は，1940年10月26日に飛行した。イギリス空軍向け320機の量産型マスタングI初号機は，820kWのアリソンV-1710-39エンジンを搭載し，1941年5月1日に飛行した。まもなく，イギリス空軍のテストパイロットは，このエンジンでは高高度で十分な性能が発揮できないが，低高度での性能が優れていることに気付いた。それでこの機種は1942年7月に，陸軍直協コマンドの高速対地攻撃と戦術偵察機として導入された。

ドイツ空軍を狩る

アメリカ陸軍航空軍は遅まきながら，この戦闘機の潜在能力に気付き始め，初期の量産型マスタング2機をP-51の名称で評価した。イギリス空軍はエンジンをロールスロイス・マーリンに変更すれば，より高高度性能に優れた迎撃機になると示唆した。それに従いエンジンを変え，新しい一体型キャノピーを装備したのがP-51Dである。P-51Dの最初の量産型は，1944年春にイギリスへ到着し，ただちにアメリカ陸軍航空軍第8航空軍の標準戦闘機となった。マスタングがドイツ上空で昼間戦闘に勝利をもたらしたことは，疑いようがない。イギリスとイタリアの基地を拠点に活動し，第三帝国への両面攻撃を行う爆撃機を戦闘機で護衛するだけでなく，自らの飛行場

東部戦線の木製の戦士
ラボーチキンLa-5FN

ラボーチキンLa-5FNは，基本的にはLaGG-3の星形エンジン発展型である。経験豊富なパイロットの手にかかれば，素晴らしい戦闘機だった。このタイプはソ連を代表するエースパイロット，イヴァン・コジェドゥーブが乗っていた機体である。

ラボーチキンLa-5FN

タイプ：迎撃戦闘機
推進装置：1,231kWのシュベツオフM-082FN（Ash-82FN）星形ピストン・エンジン１基
最大速度：650km/h
フェリー航続距離：765km
実用上昇限度：11,000m
空虚重量：2,605kg；搭載時重量：3,360kg
武装：20mmのShVAKあるいは23mmのNS機関砲２門または３門に，主翼下に158kgの爆弾あるいは82mmロケット弾４発
寸法：全幅9.80m
全長8.67m
全高2.54m
主翼面積17.59m^2

La-5の主翼は木製構造を基本にしていて，カバー材に樹脂を染みこませて固めた合板を組み合わせていた。

東部戦線の戦闘機
ヤコブレフYak-9D

ヤコブレフYak-9は，優秀な戦闘機Yak-1から発展したもので，1944年の大攻勢時にはソ連の航空優勢獲得で重要な役割を果たした。

ヤコブレフYak-9D

タイプ：単座の戦闘機／対地攻撃機
推進装置：940kWのクリモフVK-105PF-1液冷ピストン・エンジン１基
最大速度：533km/h（海面高度），597km/h（3,650m）
フェリー航続距離：1,360km
実用上昇限度：10,000m
空虚重量：2,430kg；最大離陸重量：3,115kg
武装：20mmのShVAK機関砲１門スピナー内と12.7mm機関銃１丁をカウリング内
寸法：全幅9.74m
全長8.50m
全高2.6m
主翼面積17.15m^2

Yak-9は幅の広い主脚により荒れた飛行場でも運用でき，また着陸時の事故も少なかった。

ロッキードP-38ライトニングの最大の特徴は，その航続距離の長さであり，広大な太平洋上での運用や，ドイツの奥地まで爆撃機を護衛することが可能であった。

グラマンF6Fヘルキャットは，前作のF4Fワイルドキャットが実戦で苦労して得た設計上の教訓をすべて取り入れた。1943年以降，アメリカは航空優勢を獲得した。

から出撃しドイツ空軍を追い詰めた。

1944年3月6日，マスタングが初めてベルリン上空に現れ，最も激しい戦いの一つに加わることになった。200機のドイツ軍戦闘機が，計660機の爆撃機と護衛戦闘機に襲いかかり，戦いが終了した時点でアメリカ軍は69機の爆撃機と11機の戦闘機を失った。しかしドイツも80機を失い，防衛戦力のほぼ半数を失った。

その後の数週間，連合軍の戦略空軍は，1944年6月6日に迫ったノルマンディーへのDデイ上陸作戦に備えて，フランス国内の通信，補給基地，砲台などを攻撃する戦術的な役割を担っていた。連合軍の戦術航空部隊は，ノルマンディー上陸作戦で完全に優位に立ち，その後の数カ月間もその優位性を失うことはなかった。1944年9月，連合軍は「空の絨毯（マーケット・ガーデン作戦）」を敵の支配地域に展開しようと企て，アンヘルムのライン川鉄橋に到達させようとし，この戦争で最大の空挺作戦が行われた。連合軍の戦闘爆撃機が本領を発揮したのは，ヨーロッパ北西部を横断したときだった。イギリス空軍第2戦術空軍のロケット弾を搭載したホーカー・タイフーンと，アメリカ第9戦術空軍のリパブリックP-47サンダーボルトは，日中に敵の機甲部隊のほとんどを移動不可能にした。

戦術的にドイツ空軍は完膚なきまでに打ちのめされた。唯一，連合国空軍に深刻な被害が生じたのが，1945年1月1日，アルデンヌで起きたドイツの猛反攻「バルジの戦い」においてであった。年が明けると1,000機のドイツ空軍爆撃機と戦闘爆撃機が低空飛行で，ベルギーとオランダにあった27カ所の連合軍飛行場を攻撃した。ほんの数分間で，地上にあったイギリスとアメリカの航空機300機近くが破壊された。ドイツ空軍も約140機を失った。この攻撃で戦術航空部隊を1週間以上にわたって麻痺させたが，連合国空軍の戦力が完全に回復するのに，さほど時間はかからなかった。こうしてドイツ空軍は最後のカードを切っ

連合軍が“ベティ”と呼んだ三菱G4M一式陸攻は，攻撃に対して脆弱ですぐに燃えたことから，「空飛ぶライター」と揶揄された。緑の十字は，降伏したことを示している。

太平洋の覇者
チャンスボートF4Uコルセア

チャンスボートF4Uコルセアは太平洋戦争でアメリカ海軍と海兵隊が主力戦闘機として使い，戦後の朝鮮戦争でもイギリス海軍が重用した。

チャンスボートF4U-1Aコルセア

タイプ：単座艦上戦闘爆撃機
推進装置：1,492kWのプラット＆ホイットニーR-2800-8ダブルワスプ18気筒星形ピストン・エンジン1基
最大速度：671km/h（6,605m）
フェリー航続距離：1,650km
実用上昇限度：11,247m
空虚重量：4,074kg；搭載時重量：6,350kg
武装：12.7mmのブローニングM2機関銃6丁（弾数各400発，外側は350発），爆弾あるいはロケット弾最大1,800kg
寸法：全幅12.49m
全長10.16m
全高4.90m
主翼面積29.17m^2

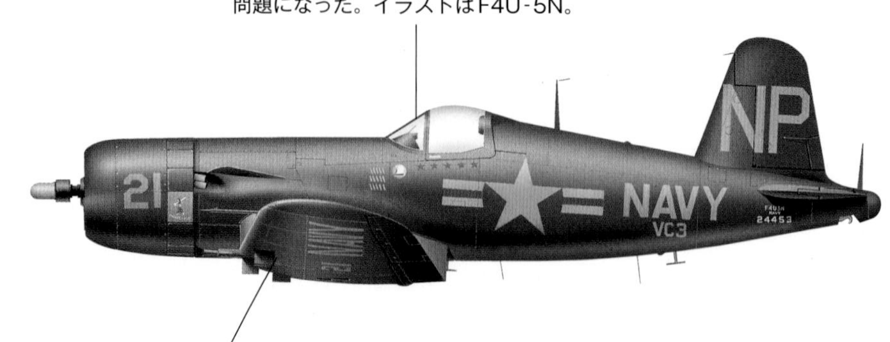

コルセアはコクピットが後方に位置していたため，視界が悪く，初期の着陸時の問題になった。イラストはF4U-5N。

コルセアは，巨大なプロペラを使うことから，地上との間隔を取るために逆位ガル翼を採用した。これはまた，胴体との角度を適切にして，抵抗も低減させた。

最大，最高速，そして最も卑劣
リパブリックP-47Dサンダーボルト

“ジャグ（水差し）”としても知られるP-47サンダーボルトは，すべての戦域で活躍した。護衛戦闘機と見られがちだが，対地攻撃にも適していて，安定した兵器プラットフォームであった。

リパブリックP-47Dサンダーボルト

タイプ：単座戦闘爆撃機
推進装置：1,715kWのプラット＆ホイットニーR-2800-59ダブルワスプ18気筒星形エンジン1基
最大速度：697km/h
フェリー航続距離：3,000km（増槽使用）
実用上昇限度：13,000m
空虚重量：4,853kg；搭載時重量：7,938kg（後期型は9,390kg）
武装：12.7mmのブローニングM2機関銃8丁（弾数各267～500発），機外に最大1,134kgの爆弾やナパーム弾あるいはロケット弾8発
寸法：全長11.02m
全幅12.42m
全高4.30m
主翼面積27.87m^2

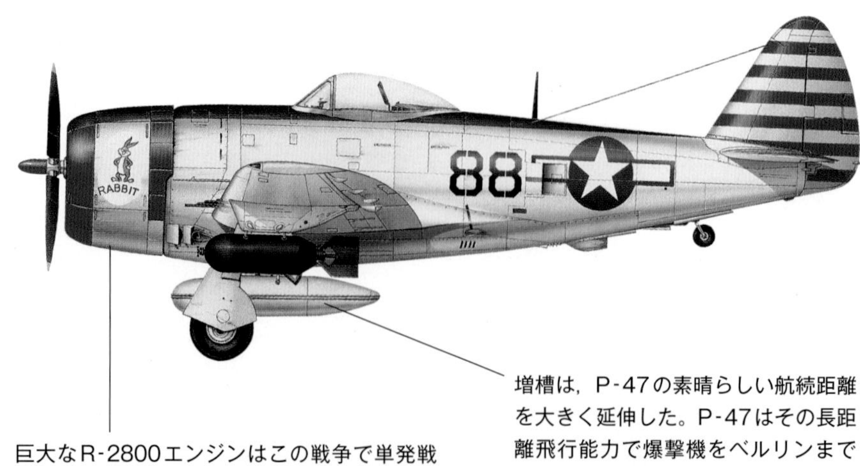

巨大なR-2800エンジンはこの戦争で単発戦闘機が装備した中で，最も強力なエンジンであった。ターボチャージャーを装備した後期型では，推力は2,090kWにもなった。

増槽は，P-47の素晴らしい航続距離を大きく延伸した。P-47はその長距離飛行能力で爆撃機をベルリンまでしっかりと護衛し，空の戦いを変えた。

て，負けてしまった。

その後の数週間でマスタング，サンダーボルト，ライトニング，スピットファイア，テンペストが，ドイツ上空を縦横無尽に飛びまわり，ドイツ空軍飛行隊を飛行場で破壊していった。また戦闘爆撃機は1945年3月24日に始まった連合軍によるライン川渡河作戦「バーシティ（代表チーム）」作戦の準備として，ドイツ北部の通信施設を攻撃した。

イギリス軍とアメリカ軍がライン川を挟んで橋頭堡を固め，ソ連軍が東から迫ってくると，ドイツの抵抗勢力の崩壊は急速に進んだ。1945年4月30日，イギリス空軍のホーカー・タイフーンとアメリカのサンダーボルトがロケット弾を発射し，ドイツの町や村の粉々になった街路で最後の戦車を仕留める中，50機のフォッケウルフFw190とメッサーシュミットBf109によって，前進するイギリス陸軍が攻撃された。スピットファイアとテンペストがそれらに襲いかかって葬り，ドイツの片田舎に37機の破片を散らばせた。そしてこの日ヒトラーは，廃墟となったベルリンで自ら命を絶った。その一週間後に，ヨーロッパの戦いは終わった。

太平洋ではマリアナ諸島を獲得したことが，アメリカ陸軍航空軍にとって極めて大きな意味を持った。長く待ち望んだ日本本土への戦略的航空攻勢の拠点となる島々を手に入れたのである。サイパン，テニアン，グアムでは新たな飛行場の建設が進められ，1945年1月には，強力な戦

第361戦闘航空群第375戦闘飛行隊のP-51Dマスタング。1944年末にドイツへの護衛ミッション時に撮影されたもの。第361戦闘航空群はケンブリッジシャーのウォッティシャムとエセックスのリトルウォールデンを拠点にしていた。

戦車破壊の最高機種
ホーカー・タイフーンMk. IB

第181飛行隊のホーカー・タイフーン。第181飛行隊は侵攻以後にノルマンディーに移動するまでは，イングランド南部の飛行場から活動し，第2戦術航空軍の一部になっていた。

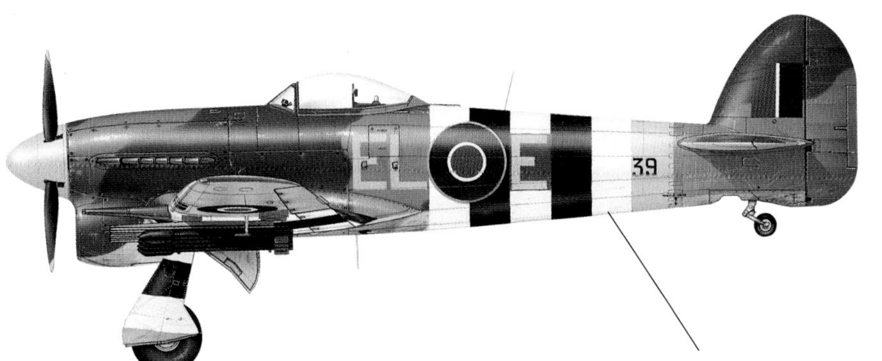

タイフーンは極めて頑丈な構造を有し，大量の爆弾を搭載しながら約800km/hでの急降下ができた。

1944年6月のフランス侵攻の直前には，連合軍の航空機はみな，大きなインベージョン・ストライプ（侵攻帯）を描いた。

ホーカー・タイフーンMk. IB

タイプ：単座戦闘爆撃機
推進装置：1,626kWのネイピア・セイバーⅡA直列ピストン・エンジン1基
最大速度：664km/h（高度6,000m）
フェリー航続距離：1,500km（増槽使用）
実用上昇限度：10,700m
空虚重量：3,992kg；搭載時重量：6.010kg
武装：20mmイスパノ機関砲4門（弾数各140発），各454kgの爆弾を最大2発
寸法：全幅12.67m
全長9.73m
全高4.52m
主翼面積25.90m²

1944年～1945年にかけて，イギリス空軍のテンペストMk.Ⅴは列車攻撃やV-1ミサイルの破壊といった対地攻撃で成果を上げ，またベルギーとオランダへの連合軍の強襲に際して支援も行った。

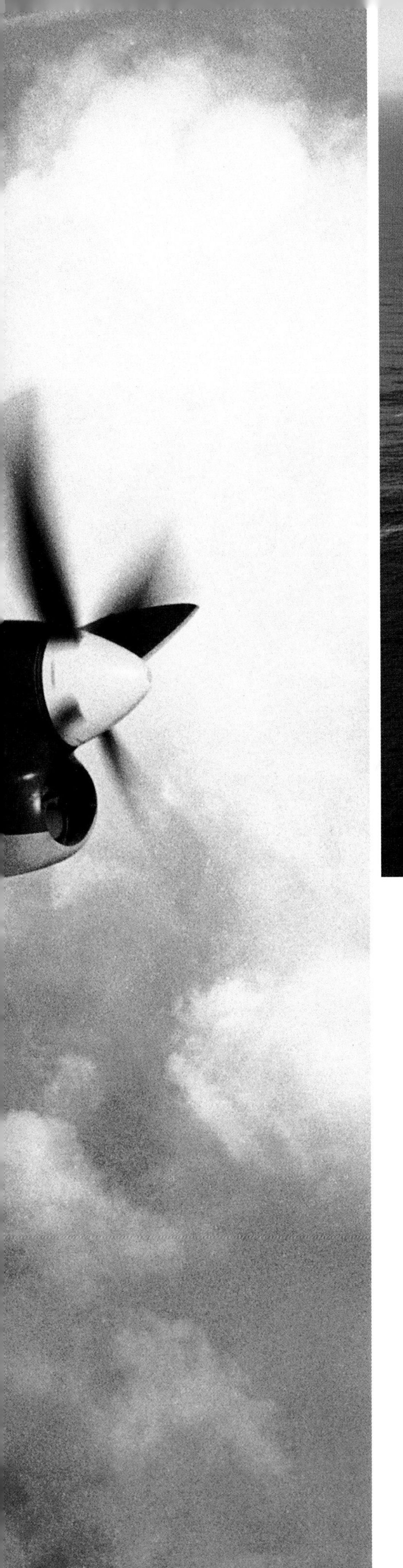

ボーイングB-29スーパーフォートレスは，原爆投下前に日本の工業都市を攻撃し，日本を屈服させた。日本の防空システムは結局，これに対して無力だった。

略爆撃機であるボーイングB-29スーパーフォートレスの受け入れ準備が整った。

原子爆弾

B-29を装備した最初の部隊は，1944年春にインドと中国南西部の基地に配備され，6月5日に日本軍が占領したタイのバンコクで最初の戦闘任務が行われ，その10日後に日本本土への攻撃が開始された。1944年3月，マリアナ諸島に五つの作戦基地が設置されたことで，B-29はより日本に近づいた。四個の爆撃航空団がインドと中国の基地からすぐに再配置され，少し遅れて第58爆撃航空団がそれに続いた。B-29の全航空団はグアムに司令部を置く第21爆撃機司令部の管理下に置かれた。B-29は夜間に日本の主要都市を大規模な焼夷弾で攻撃し，壊滅的な被害をもたらした。

1945年7月に，P-51マスタングに護衛されたB-29の大編隊と，太平洋を横切って来た空母機動部隊の戦闘爆撃機が加わり，日本の空を自由に飛んだ。もはや日本の航空機産業は壊滅し，神風特攻隊による数百機の航空機およびパイロットの犠牲など，数カ月で甚大な打撃を受けた。

日本侵攻のために集結していた連合軍部隊に対し，日本は残存するほぼすべての航空機を使って特攻を計画したが，8月に広島と長崎に原子爆弾が投下されたことで，頓挫した。

機体イラスト一覧

▍著者

ロバート・ジャクソン／Robert Jackson

元パイロット，元飛行教官。現在は陸海軍，航空関係の作家であり，80冊以上の著書がある。

▍監修者・訳者

青木 謙知／あおき・よしとも

立教大学卒業。航空・軍事ジャーナリスト。元・月刊『航空ジャーナル』編集長。航空専門誌，軍事専門誌への執筆および元日本テレビ客員解説委員として番組に出演多数。著書に『飛行機事故はなぜなくならないのか』『図解・ボーイング787 vs. エアバスA380』（ともに講談社），『知られざるステルスの技術　現代の航空戦で勝敗の鍵を握る不可視化テクノロジーの秘密（サイエンス・アイ新書）など多数。

THE HISTORY OF AVIATION
From the First Flight to the Present Day

航空全史㊤

18世紀の気球～第二次世界大戦の戦闘機

2024年7月20日発行

著者　ロバート・ジャクソン
監修者・訳者　青木 謙知
翻訳，編集協力　株式会社 ぷれす
編集　道地 恵介
表紙デザイン　岩本 陽一
発行者　松田 洋太郎
発行所　株式会社 ニュートンプレス
〒112-0012 東京都文京区大塚 3-11-6

ISBN 978-4-315-52824-4
